Alexander vom Stein

Was nun, Mr. Darwin?

W0230863

Alexander vom Stein

Was nun, Mr. Darwin?

© 2009 by Daniel-Verlag
2. Auflage 2013
Lychener Straße 7, OT Retzow
17279 Lychen
www.daniel-verlag.de
Umschlag: Jürgen Benner, ideegrafik
Druck: Aalexx Buchproduktion, Großburgwedel

ISBN 978-3-935955-57-7

Inhalt

Vorwort

V or 200 Jahren wurde in einem herrschaftlichen Anwesen namens Mount House in Shrewsbury Charles Robert Darwin geboren (12. Februar 1809).

Vor 150 Jahren veröffentlichte dieser Mann ein Buch mit dem komplizierten Titel *On the Origin of Species by Means of Natural Selection, or the Preservation of Favoured Races in the Struggle for Life* (24. November 1859), das einem neuen Weltbild zum Durchbruch verhalf.

Dieses doppelte Jubiläum war vielen Verbänden, Journalisten, Publizisten und Verlegern Anlass, das „Darwin-Jahr 2009" auszurufen und mit einer Flut von Büchern, Zeitungsartikeln, Veranstaltungen, Ausstellungen, TV-Dokumentationen, Radiosendungen und Internetseiten zu feiern.

Weil sehr viele, und besonders viele der aktuellen Veröffentlichungen Darwins Person, sein Werk und seine Wirkung feiern und ihn z. T. in die Position einer Galionsfigur gegen den christlichen Glauben und die biblische Offenbarung heben, ist das Thema eine Auseinandersetzung wert. Es hat mit einem Umbruch der vorherrschenden Weltanschauung zu tun und berührt die großen Fragen des Menschen nach dem Woher, dem Wohin und dem Wozu.

Und weil Darwin ein Mann war, der die Welt bewegt hat, lohnt es sich, dreimal hinzuschauen:

I.   Wer war er?
II. Was lehrte er?
III. Was bewirkte er?

Was historische Biografien (I) und das moderne Weltbild (III) angeht, so mag es kaum möglich sein, Wahrheit und Unwahrheit scharf zu unterscheiden. Der wissenschaftliche Entwurf Darwins (II) dagegen kann immer wieder am aktuellen Stand der Forschung überprüft und beurteilt werden. Sollte er sich als unzulänglich erweisen, so fehlt auch dem darauf gegründeten Weltbild das Fundament.

Er selbst formulierte ein Falsifikationskriterium: „Wenn gezeigt werden könnte, dass irgendein komplexes Organ existiert, das nicht durch zahlreiche, aufeinanderfolgende, geringfügige Veränderungen gebildet worden sein kann, würde meine Theorie absolut zusammenbrechen." Und er urteilte: „Aber ich kann keinen solchen Fall finden."

Seitdem sind 150 Jahre fruchtbare Forschung ins Land gegangen, und das Wissen über die Natur hat sich vervielfacht. Es muss erlaubt sein nachzuhaken:

Was nun, Mr. Darwin?

Kapitel 1
Wer war Charles Darwin?

Charles Robert Darwin (1809–1882) ist der am häufigsten biografierte Wissenschaftler und vermutlich eine der am häufigsten biografierten Persönlichkeiten überhaupt. Dieser Menge an Informationen über ihn und sein Umfeld, seine Familie, seine Kontakte, seine Krankheiten, seine Charakterzüge, seine Korrespondenz und den Weg zu seiner Theorie gibt es sicher kaum etwas hinzuzufügen. In dem vorliegenden Buch können keine neuen Fakten präsentiert werden, vielleicht aber einige weniger bekannte. Jeder Biograf schreibt und urteilt aus seiner eigenen, subjektiven Wahrnehmung heraus, und nur ein Bruchteil der Autoren legt seiner Arbeit die Bibel als Maßstab zugrunde.

1. Kindheit, Jugend und Ausbildung 1809–1831

Charles wurde am 12. Februar 1809 geboren und wuchs als fünftes von sechs Kindern einer gutbürgerlichen Familie in Shrewsbury, Mittelengland, auf. Sein Vater, Robert Darwin (1766–1848), war ein vielbeschäftigter Arzt und ein Freidenker. Seine Mutter, Susannah Darwin, geb. Wedgwood (1765–1817), eine gläubige Frau, starb, als Charles 8 Jahre alt war. So wurde er von seinen drei älteren Schwestern betreut. Die meiste Zeit verbrachte er ohnehin auf einer Internatsschule, wo er eine gute Schulbildung erhalten sollte. Der Vater wünschte auch aus ihm einen tüchtigen Arzt zu machen. Doch seine Karriere begann wenig hoffnungsvoll. Er war nur ein mittelmäßiger Schüler und hatte Mühe mit dem Erlernen fremder Sprachen und mit der Mathematik.

Ein begonnenes Medizinstudium brach er nach zwei Jahren erfolglos ab, weil ihm bei den (damals noch recht brachialen) chirurgischen Eingriffen vom Zusehen übel wurde. Wenn schon kein Arzt aus ihm werden konnte, so sollte er, wie sein Vater hoffte, wenigstens das Amt eines Geistlichen bekleiden. Er studierte drei Jahre lang Theologie und machte darin seinen „Bachelor of Arts", den niedrigsten Grad, der ihn noch nicht dazu qualifiziert hätte, den Beruf eines Geistlichen auszuüben; aber das war wohl sowieso mehr der Wunsch seines Vaters als sein eigener. Darwin hatte längst bemerkt, dass er seine Erfüllung im Beobachten der Natur fand, im Sammeln und Erforschen von Tieren, Pflanzen und Steinen. Wenn er auch zunächst tatsächlich in Erwägung zog, eine Stelle als Landpfarrer anzustreben, dann hauptsächlich deshalb, weil er hoffte, so ein ruhiges Leben mit viel Zeit für seine naturkundlichen Studien führen zu können. Die Schnittmenge zwischen der Theologie und den Naturwissenschaften war zu dieser Zeit noch recht groß, so dass sich Darwin in seinem Theologiestudium z. B. mit den Büchern von William Paley beschäftigen musste. Dieser führt in seinem Hauptwerk *Natural Theology* aus, dass die Existenz und Größe des Schöpfers in dem Gemachten durch Nachdenken wahrgenommen werden kann (vgl. Römer 1,18ff.). Darwin fand diese Beweisführung einleuchtend und verteidigte sie. Auch an der strikten und wörtlichen Wahrheit der Bibel hatte er zu dieser Zeit keinen Zweifel.[1] Auf eine persönliche Beziehung zu Jesus Christus weist dagegen nichts in seinen schriftlichen Hinterlassenschaften hin.

2. Die Reise auf der Beagle 1831–1836

Statt seine theologische Laufbahn weiterzuverfolgen, nutzte Darwin die Gelegenheit, die ihm der befreundete Botanikprofessor John Steven Henslow anbot: die Teilnahme an einer Weltreise auf einem Schiff der britischen Marine.

Dieses Schiff, die „HMS Beagle", wurde als Kriegsschiff für die Royal Navy vom Stapel gelassen, eine

27 m lange 10-Kanonen-Brigg. Später baute man sie dann in eine leichter bewaffnete und leichter zu manövrierende Bark um. So war sie besser dazu geeignet, als Vermessungsschiff die Küsten der neuen Welt zu erkunden. Unter dem Kommando von Commander Robert FitzRoy stach sie am 27. Dezember 1831 vom Flottenstützpunkt Devonport (Plymouth, Südengland) aus in See. Der Schwerpunkt ihres Auftrags war die Kartografierung der Südspitze Südamerikas, es standen aber auch noch eine Reihe weiterer Vermessungsaufgaben auf der

Agenda. Die ganze Mission war als Weltumseglung geplant und dauerte fast 5 Jahre, bis zum 2. Oktober 1836; unter der Besatzung von 62 Mann mit an Bord: der 22-jährige Charles Darwin, als unbezahlter Forschungsreisender und Gast des Kapitäns.

Darwin sagte über dieses Unternehmen später: „Die Reise mit der Beagle war das weitaus wichtigste Ereignis meines Lebens und hat meinen gesamten Werdegang bestimmt."[2]

Sie führte ihn zu verschiedenen Inseln (Teneriffa, Kapverden, Falklandinseln, Galapagosinseln, Tahiti, Kokosinseln, Mauritius, Ascension Island, Azoren), die alle eine einzigartige Flora und Fauna aufwiesen. Jetzt wurden Darwins Begabungen deutlich. Obwohl er nicht die Voraussetzung eines naturwissenschaftlichen Universitätsstudiums mitbrachte, erwies er sich als sehr vielseitiger, kreativer und sorgfältig arbeitender Forscher, der mit viel Eifer und Sachverstand umfangreiche Sammlungen exotischer Organismen und verschiedenster Mineralien zusammentrug. Auf seinen Landexkursionen untersuchte er viele Gesteinsformationen und sah sich zunächst eher als Geologe denn als Biologe. Erst bei der Beschäftigung mit der ungeheuren Vielfalt von Tieren und Pflanzen kam er auf eine Vorstellung zurück, die ihm bereits in groben Zügen bekannt war und die ihn jetzt völlig in ihren Bann zog und für den Rest seines Lebens beschäftigte – die Theorie einer gemeinsamen Abstammung und Entwicklungsgeschichte der Lebewesen (die später als *Evolutionstheorie* bekannt wurde).

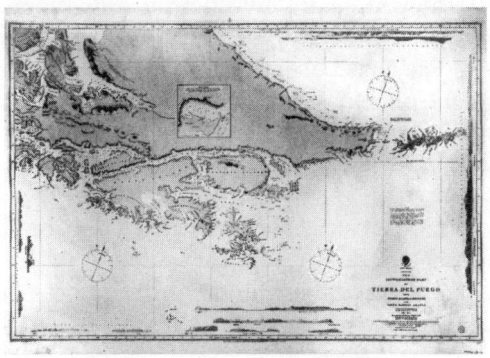

Er hatte während der langen Überfahrten – von Küste zu Küste – an Bord der Beagle viel Zeit, um über seinen Glauben nachzudenken. Nachdem er durch seine Überlegungen dahin gekommen war, den Schöpfungsbericht als unglaubwürdig anzusehen, stellte er die ganze biblische Urgeschichte und im Weiteren auch das ganze Alte Testament in Frage. Das Gottesbild dieser Zeit sei das eines rachsüchtigen Tyrannen, und damit sei es nicht glaubwürdiger als die heiligen Schriften der Hindus oder die Religion beliebiger Barbaren. Dies führte ihn dahin, das Christentum als Ganzes zu verwerfen, da er die unlösbare Verbindung zwischen Altem und Neuem Testament erkannte.[3] Vor dieser Konsequenz schreckte er jedoch zunächst zurück.

3. Charles und Emma

Wieder daheim in England, heiratete er seine ein Jahr ältere Cousine Emma Wedgwood, die Tochter eines reichen Porzellanfabrikanten. Ihr gemeinsames Vermögen – klug investiert in Aktien der aufstrebenden Eisenbahngesellschaften – ermöglichte den beiden eine Lebensführung als wohlhabende Privatiers, ohne dass sie einer Erwerbsarbeit hätten nachgehen müssen. Aber beide arbeiteten trotzdem hart.

Emma Darwin bekam in kurzen Abständen 10 Kinder, die sie weitgehend ohne fremde Hilfe aufzog. Darüber hinaus musste sie oft ihren Mann pflegen, der von seiner Weltreise gesundheitlich angeschlagen zurückkam und seitdem oft unter verschiedenen Symptomen einer rätselhaften Erkrankung litt. Sie erfreute sich dagegen einer äußerst robusten Gesundheit und überstand alle ihre Schwangerschaften ohne Probleme. Was ihr große Sorge bereitete, war der Unglaube ihres Mannes. Charles hatte ihr seinen Glaubensstandpunkt offenbart, gegen den Rat seines Vaters, der meinte, es sei ratsam, sich mit Zweifel und Kritik am christlichen Glauben sehr zurückzuhalten. Schon kurz nach der Hochzeit schrieb sie ihm dazu einen Brief, ein rührendes Dokument ihrer Liebe und Bemühung um ihn. Darin warnt sie ihn: „Möge die Gewohnheit, in wissenschaftlichen Belangen nichts zu glauben, solange es nicht bewiesen ist, dich nicht in anderen Fragen beeinflussen, bei Dingen, die nicht in derselben Art und Weise bewiesen werden können und die über unser Verstehen hinausgehen."[4]

4. Forschungszentrum „Down House" – der Natur auf der Spur

Trotz seiner Krankheitsanfälle, die ihn stark einschränkten und oft tagelang ans Bett fesselten, stürzte sich Charles bald nach seiner Rückkehr in die Aufarbeitung seiner Notizen und das Studium seiner Fundstücke. Als das junge Paar 1842 mit zwei Kindern aus der Londoner Innenstadt in das außerhalb der Stadt gelegene Anwesen „Down House" zog, verwandelte Charles dieses in eine Forschungsstätte, die das Herz jedes Naturforschers höherschlagen lässt. Es umfasste mehrere Arbeitszimmer, Laborräume, ein Gewächshaus,

Taubenschläge, Volieren, Gartenanlagen, eine große naturkundliche Sammlung und eine gut sortier-
te wissenschaftliche Bibliothek. Heute ist „Down
House" ein Museum, und 2006 wurde es sogar zum
Weltkulturerbe erklärt.

Darwin befasste sich mit den verschiedensten Themen. Er studierte das Wachstum von Wurzelspitzen
und den Trieben der Rankenpflanzen, beschrieb die
Bedeutung der Regenwürmer in der Bodenbiologie, analysierte den Aufbau der Orchideenblüten,
verfasste 5 Bände über die Tierwelt, die er auf seiner Reise angetroffen hatte, und eine Vielzahl von
Artikeln über die Geologie und Pflanzenwelt der
besuchten Orte.

Auch beschäftigte er sich jahrelang mit der Erfor-
schung der Rankenfußkrebse und schrieb darüber
ein vierbändiges Werk. In zwei Bänden beschrieb
er die rezenten (= heute lebenden) und in zwei weiteren Bänden die fossilen Arten. Er staunte dabei
über die unglaubliche Vielfalt dieser weltweit verbreiteten Gattung und bemerkte auch zahlreiche
Unterschiede zwischen den ausgestorbenen und

den heutigen Formen. Immer wieder kam er auf die Idee zurück, es müsse einen „roten Faden" in der Biologie geben – und meinte diesen mit seiner Selektions- und Deszendenztheorie gefunden zu haben. In der Tier- und Pflanzenzucht fand er weitere Belege, die in diese Richtung wiesen. Alle Beobachtungen und auch die Untersuchung seiner Exponate, zu denen über 1.500 in Spiritus konservierte Arten, fast 4.000 Bälge, Knochen und Pflanzen, dazu verschiedene Fossilien und Gesteinsproben zählen, zog er heran, um sein Konzept wissenschaftlich zu untermauern.

Charles lebte zurückgezogen und mied die Gesellschaft. Er war aber keineswegs isoliert, sondern stand im Briefwechsel mit Gelehrten auf der ganzen Welt. Durch dieses Netz von Kontakten hatte er einen intensiven wissenschaftlichen Diskurs über alle Fragestellungen, denen er sich zuwandte. Der Nachlass seiner Korrespondenz umfasst über 14.000 Briefe, die er mit etwa 2.000 Empfängern austauschte.

Er war nicht der einzige, der an dieser Theorie arbeitete. Im Juni 1858 bekam er einen Brief von dem 14 Jahre jüngeren Naturforscher Alfred Russel Wallace. Er enthielt ein Manuskript, in dem dieser eine Theorie zur natürlichen Selektion vorstellte, die mit seiner eigenen nahezu identisch war. Darwin war niedergeschmettert und sah seinen Entdeckerruhm schwinden. Zudem hatte sein jüngster Sohn Charles Waring Scharlach bekommen und erlag um diese Zeit der Krankheit. Er starb am 23. Juni 1858 im Alter von 18 Monaten. Darwins Freunde drängten ihn, seine Überlegungen nun zügig zu publizieren, und halfen ihm dabei. Schon kurz darauf, am 1. Juli 1858, wurde in einem erlauchten Wissenschaftszirkel, der „Linnean Society", eine Kurzfassung der Selektionstheorie Darwins, zusammen mit der entsprechenden Arbeit von Wallace, vorgestellt. Niemand unter den Zuhörern zeigte sich sonderlich beeindruckt. Erst als Darwin im Jahr darauf, am 24. November 1859, seine Überlegungen in dem Buch *On the Origin of Species by Means of Natural Selection, or the Preservation of Favoured Races in the Struggle for Life* veröffentlichte, reagierte die Welt – enthusiastisch und entsetzt. Damit begann die Evolutionstheorie ihren Siegeszug.

5. Auf dem Weg zum Agnostiker

Während der Auseinandersetzung mit seiner Theorie entfernte Darwin sich immer weiter vom Glauben. Er stellte zunehmend auch die Autorität und Authentizität der Heiligen Schrift in Frage. Er selbst beschreibt diese Entwicklung so: „Der Unglaube beschlich mich langsam, war aber am Ende vollständig. Es ging so langsam, dass es mir keine Sorge bereitete, und ich habe niemals auch nur eine Sekunde gezweifelt, dass meine Schlussfolgerung korrekt war. Ich kann mir gar nicht vorstellen, warum irgendjemand wünschen kann, dass das Christentum wahr ist. Das wörtliche Verständnis der Bibel scheint doch zu bedeuten, dass jeder, der nicht glaubt, und das schließt meinen Vater, meinen Bruder und alle meine besten Freunde mit ein, ewige Strafe erleidet. Und das ist eine verdammenswerte Lehre."[5]

Seine Frau war von diesem schriftlichen Einge-
ständnis tief getroffen und untersagte die Veröf-
fentlichung. Die Autobiografie erschien 1876 in der
von ihr zensierten Version. Erst 1958 wurde die un-
zensierte und vollständige Fassung aufgelegt. Heute kann sogar das Originalmanuskript im Internet
eingesehen werden.

Was Darwins Verneinung jeglicher Zweifel angeht,
ergeben viele seiner Briefe und auch die Berichte
von Zeitgenossen allerdings ein anderes Bild. Im
letzten Jahr seines Lebens sprach ein Besucher ihn
auf seine bemerkenswerten Forschungsergebnisse
über die Bestäubungsmecha-
nismen der Orchideen und die
Rolle der Regenwürmer in der
Natur an und stellte fest, diese wunderbaren Dinge könne
man doch unmöglich betrachten, ohne darin das Wirken
und die Weisheit eines Schöpfers zu sehen. Darwin schaute
ihn scharf an und sagte: „Ja,
das überkommt mich auch
manchmal mit überwältigen-
der Macht – aber ein anderes
Mal", und hier schüttelte er
abwägend den Kopf, „scheint
es wieder zu verschwinden."[6] In einem Brief an
seinen Freund Charles Lyell schreibt er: „Wenn ich
darüber nachdenke, wie oft sich schon Männer jahrelang einer Täuschung hingegeben haben, läuft es
mir kalt den Rücken herunter, und ich frage mich,
ob ich nicht etwa mein Leben einer Phantasie gewidmet habe."[7]

Es ist erstaunlich, dass heute vielfach, selbst von Kirchenvertretern, bestritten wird, die Evolutionstheorie habe etwas mit dem Glauben zu tun. Darwin jedenfalls führte seinen Unglauben darauf zurück. Er erkannte die Unvereinbarkeit dieser Vorstellung mit dem biblischen Gottes- und Menschenbild. Einmal in dieser Spur festgefahren, fand er weitere Argumente, den Unglauben zu verteidigen. In den vielfältigen Belegen für Unvollkommenheit und Grausamkeit in der Natur, die im biblischen Kontext als Kennzeichen einer gefallenen Schöpfung verstanden werden können, sah er einen Einwand gegen die Existenz eines gütigen und allmächtigen Gottes.[8]

Auch persönlich erfahrenes Leid bestärkte seine Zweifel an einem moralischen und gerechten Gott. In diesem Zusammenhang verweisen viele Biografen auf die Bedeutung des Todes seiner Tochter

Annie (am 23. April 1851), zu der er eine besonders tiefe Beziehung hatte. Neun Jahre zuvor hatten Charles und Emma ihre Tochter Mary Eleanor nach wenigen Wochen wieder abgeben müssen, 7 Jahre später starb der kleine Charles Warren; aber beides erschütterte sie nicht so sehr wie der Todeskampf von Annie. Charles schrieb einen ergreifenden Nachruf auf sie[9] und kam nicht über den Verlust weg. Durch dieses Ereignis brach er endgültig mit dem christlichen Glauben, der bei ihm vorher schon stark zersetzt war.

6. Geehrt von Menschen

Charles Darwin hatte das Privileg, eine gläubige Mutter zu haben, und noch mehr, eine gläubige Ehefrau. Sie trug ihn in seiner Krankheit, betete für ihn und sprach den Verlust seines Glaubens offen an. Unter den erwähnten Brief von ihr schrieb er die Worte: „Wenn ich tot bin, wisse, dass ich dies viele Male geküsst und darüber geweint habe." Trotz-

dem verwarf er Emmas Zeugnis und folgte seinem Vater, seinem Großvater und seinem älteren Bruder Edward auf einem Weg des Zweifels und Unglaubens. In seinem Bemühen um wissenschaftliche Ausgewogenheit bezeichnete er sich selbst als Agnostiker.[10] Das Gerücht, er habe sich noch auf dem Sterbebett bekehrt, ist leider wenig glaubwürdig.[11]

Als er am 19. April 1882 starb, wurde ihm die Ehre eines Staatsbegräbnisses zuteil. Man bestattete ihn in der ehrwürdigen Westminster Abbey.

In einem viel zitierten Ranking der einflussreichsten Personen der Geschichte[12] hat man ihn auf Platz 16 gestellt, direkt hinter Mose. Auf einer Liste der größten Briten steht er auf Platz 4.

Ein deutscher Evolutionsbiologe sieht sein größtes Verdienst darin, „die Biologie aus dem Würgegriff der christlichen Theologie befreit" zu haben[13]. Und tatsächlich sucht der Mainstream der Naturwissenschaft seit Darwin die Schöpfung ohne den Schöpfer zu verstehen. Was genau Darwins wissenschaftlicher Beitrag zu diesem Umdenken war und was die Folgen dieses veränderten Denkens sind, ist Thema der folgenden Kapitel.

1809 Charles Darwin wird in Shrewsbury geboren

1817 Tod seiner Mutter

1825-1827 Medizinstudium

1828-1831 Theologiestudium

1831-1836 Weltreise mit der „Beagle"

1839 Hochzeit mit Emma Wedgwood

Kinder von Charles und Emma Darwin:

1839 * William	1847 * Elizabeth
1841 * Anne	1848 * Francis
1842 * Mary Eleanor	1850 * Leonard
1843 * Henrietta	1851 * Horace
1845 * George Howard	1856 * Charles Waring

1859 Erscheinen von „Origin of Species"

1871 Erscheinen von „Descent of Man"

1876 Erscheinen der Autobiografie

1882 Charles Darwin stirbt

Kapitel 2
Was lehrte Charles Darwin?

Darwin ist „Mr. Evolution". Sein Name ist untrennbar mit dem Durchbruch der Evolutionstheorie verknüpft, und ohne diese Verbindung würde er heute wohl nur wenigen bekannt sein. Gelegentlich trifft man auf Überhöhungen seiner Person mit ideologischem Hintergrund: „Hätte Darwin vor 150 Jahren sein Buch zum Ursprung der Arten nicht veröffentlicht, so würden wir ihn dennoch wegen seiner bahnbrechenden Forschungen auf den Gebieten der Blüten- und Bodenbiologie, Tier-Psychologie etc. als einen der bedeutendsten Biologen seiner Zeit würdigen", schreibt der Kasseler Pflanzenphysiologe U. Kutschera.[14]

Wenngleich Darwin ein sehr origineller, scharfsinniger und erfolgreicher Naturforscher war, geht die zitierte Einschätzung an der Realität vorbei. Die anatomischen Details der Rankenfußkrebse, die Bestäubungsmechanismen verschiedener Orchideenarten und die Aktivitäten der Regenwürmer sind, wie auch die Geologie Patagoniens oder die Vogel-

welt der Galapagosinseln, allesamt Forschungsge-
biete, die jeweils nur für einen kleinen Kreis von
Spezialisten von Interesse sind. Seine überragende
Bedeutung für die Wissenschaft gründet sich auf
seine Arbeiten zur Evolution der Lebewesen. Daher
mag hier der kurze Hinweis darauf genügen, dass
dieses Thema nicht das einzige Arbeitsfeld war, das
er ungewöhnlich fruchtbar beackert hat.

1. Nichts Neues unter der Sonne: Entdecker oder Kompilator?

In vielen Sachbüchern findet sich die Darstellung,
dass Darwin die Idee der Evolution „durch den
Kopf schoss", als er die unterschiedlichen Finken-
arten auf den verschiedenen Inseln der Galapagos-
gruppe beobachtete. Das kann aber vollständig ins
Reich der Legende verwiesen werden. Erstens spie-
len die Finken zunächst keine Rolle (dazu später
mehr), und zweitens gab es bei ihm keine plötzliche
Erleuchtung, weder auf der Reise mit der Beagle
noch bei den Forschungen in Down House. Sein
Großvater Erasmus Darwin (1731–1802), Arzt, Wissenschaftler, Dichter und Erfinder, schrieb bereits
ein Buch mit dem Titel *Zoonomia. Gesetze des organi-
schen Lebens.* Darin beschreibt er die Konkurrenz im
Tierreich, dass die stärksten und aktivsten Tiere sich
durchsetzen und die Art dadurch verbessert wird.
Diesen Vorgang dehnte er bis zum Ursprung aller
Arten aus einfachen Formen aus. Darwin war mit
dieser Theorie seines Großvaters vertraut. Auf die
erste Seite seines Notizbuchs, in dem er sich zum
ersten Mal über die Veränderung (Transmutation)
der Lebewesen ausließ, setzte er die Überschrift *Zo-*

onomia.[15] Bischof Samuel Wilberforce (1805–1873), ein entschiedener Gegner des Evolutionsgedankens, warf ihm dann auch vor, mit seiner Selektionstheorie nur die Spekulationen seines Großvaters aufzuwärmen.

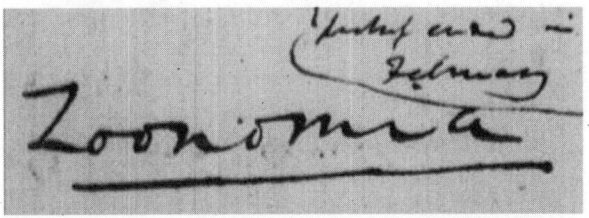

Der Entwicklungsgedanke insgesamt lässt sich bis in die Antike zurückverfolgen. Er gewann nach der Aufklärung in dem Maß an Popularität, wie die Bibel als verbindliche Offenbarung Gottes in Frage gestellt wurde. Ohne wissenschaftlich anerkannte Theorie konnte er bis vor 150 Jahren allerdings nur als Spekulation gelten. Praktisch alle Bestandteile von Darwins Theorie waren zu seiner Zeit bereits in den Publikationen verschiedener Forscher und Philosophen zu finden. Darwins Ruhm ist nicht so sehr der eines Entdeckers, sondern der eines fähigen Kompilators, der die unterschiedlichen Puzzleteile in einer durchgängigen Argumentationskette verband und seine Beobachtungen überzeugend in diesem Rahmen deuten konnte.

2. Zur Sache: Was lehrte Darwin?

Die Theorie, die Darwin der Welt in seinem Buch 1859 vorstellte, ist vielfach umformuliert, in Sätze und Schlussfolgerungen eingeteilt, in fünf unabhängige Einzeltheorien zerlegt und in langen Schachtelsätzen zusammengefasst worden. Obwohl die Theorie nach Darwin erweitert und angepasst wurde (zur Synthetischen Evolutionstheorie; EST), blieb das Grundschema aktuell. Hier soll es an einem (fiktiven) Beispiel illustriert werden:

- Auf einer kleinen Insel lebt eine Gruppe von 1000 Finken. Die Finken paaren sich untereinander. Sie sind vom Festland und von anderen Inseln zu weit entfernt, um dorthin gelangen zu können. Sie bilden eine eigenständige und isolierte Fortpflanzungsgemeinschaft (Population).

- Jedes Finkenweibchen legt in der Brutsaison 2-3 Eier und wird bis zu 3 Jahre alt. Es werden demnach viel mehr Tiere ausgebrütet als altersbedingt sterben. Es besteht ein Überschuss an Nachkommen.

- Die Anzahl der Finken würde stetig wachsen. Aber die Insel wächst nicht mit, Nahrungs- und Raumangebot sind beschränkt. Die Größe der Gruppe bleibt deshalb gleich (Populationskonstanz), und dies bedeutet, dass der Überschuss an Tieren sterben muss. Jeder Fink steht daher vom Tag seines Schlüpfens an in einem Überlebenswettbewerb mit seinen Artgenossen (innerartliche Konkurrenz), nicht jeder kann überleben.

- Obwohl die Finken von den gleichen Vorfahren abstammen und alle miteinander verwandt sind, unterscheiden sie sich voneinander (es geht hier um erbliche Unterschiede). Keine zwei Tiere sind vollkommen gleich (genetische Variabilität).

- Wenn solch ein Unterschied einem Finken hilft, seine Nahrung besser zu erreichen oder zu verwerten, seinen Feinden besser zu entkommen, Krankheiten besser zu widerstehen, das Klima besser zu vertragen oder auf einen Wechsel der Umweltbedingungen besser vorbereitet zu sein usw., so hat er einen Vorteil in diesem Überlebenskampf und eine bessere Chance, die Auswahl (Selektion) ums Überleben zu bestehen.

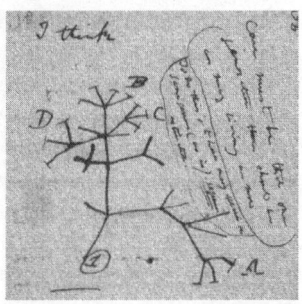

- Jeder Überlebende, der die Geschlechtsreife erlangt und sich erfolgreich paart, gibt seine vorteilhafte Erbinformation an die Nachkommen weiter. Dieser Prozess führt fortschreitend zu einer verbesserten Anpassung und einem veränderten Erscheinungsbild der Finken. Darwin bezeichnete ihn als „Natural Selection", auf Deutsch mit „natürliche Zuchtwahl" wiedergegeben (wobei Darwin die genetischen Aspekte noch unbekannt waren und er auch noch nicht so sehr die Gruppe, sondern eher die einzelnen Individuen im Blick hatte).

Dass der beschriebene Vorgang bei allen Lebewesen permanent abläuft, dass alle Lebensformen einem permanenten Anpassungsdruck unterworfen sind und sich darunter ständig verändern, ist unbestritten. Es darf als Darwins größtes Verdienst gelten, dass der enormen Plastizität und Flexibilität der Organismen heute gebührende Beachtung geschenkt wird.

3. Artenwandel: Kann der Fisch das Fliegen lernen?

Wenn wir die dargestellte Theorie der natürlichen Selektion als gut begründet und allgemein zutreffend anerkennen, stellt sich als Nächstes die Frage nach der Reichweite dieser Anpassungs- und Optimierungsvorgänge.

Genau bei dieser Frage fiel Darwin von einem Extrem ins andere. In seinem Studium wurde er gelehrt, dass Gott in der Schöpfungswoche alle Lebewesen in ihren Arten erschuf und dass diese Arten unveränderlich seien. Dass diese Lehre von der „Konstanz der Arten" nicht ganz stimmen konnte, war vielen seiner forschenden Zeitgenossen bereits aufgefallen. Besonders durch die Untersuchung von Fossilien, durch Beobachtungen aus der Tier- und Pflanzenzucht und durch die systematische Taxonomie zeigte sich, dass der biblische Artbegriff so eng nicht gefasst werden durfte. Darwin verwarf diese Lehre folgerichtig und nahm das Gegenteil an, die beliebige Veränderlichkeit der Lebensformen. Diese Ausdehnung der Theorie war eine Extrapolation, ein Rückschluss vom Bekannten aufs Unbekannte. Es erschien ihm konsequent gefolgert, dass der gleiche Mechanismus, der in Jahrtausenden z. B. unterschiedliche Schnabelformen in Finkenpopulationen hervorbringt, in Jahrmillionen einen Fisch an das Landleben anpassen und ein Landlebewesen das Flugvermögen erwerben lassen kann. Diese Annahme stieß in der Wissenschaft auf wenig Widerstand; allerdings gab es auch noch keinen tieferen Einblick in die atemberaubende Komplexität der Lebewesen. Ein Mann wie Darwin gehörte noch am ehesten zu denen, die etwas davon ahnten; und es spricht für ihn, dass er dieses Problem offen erörterte. „Wenn gezeigt werden könnte, dass irgendein komplexes Organ existiert, das nicht durch zahlreiche, aufeinander folgende, geringfügige Veränderungen gebildet worden sein kann, würde meine Theorie absolut zusammenbrechen. Aber ich kann keinen solchen Fall finden."[16]

Vergleicht man den Kenntnisstand von vor 150 Jahren mit dem heutigen, so wird deutlich, dass es, gemessen an Darwins Erwartungen, nicht *ein* komplexes Organ gibt, auf das das nicht zuträfe. Man muss ihm auch gar nicht erst darin folgen, die „Organe extremer Perfektion und Verflechtung" in den Blick zu nehmen; vielmehr erkennt man heute, dass jede einzelne lebende Zelle bereits in Aufbau und Funktion weit davon entfernt ist, in der geforderten Weise erklärt werden zu können. Eine schrittweise Entstehung ist nach heutiger Kenntnis nicht plausibel. Aus diesem Grund ist Darwins Theorie absolut zusammengebrochen (Fußnote![17]).

4. Geospiza: Das Hinken der Gleichnisse vom Finken

Es ist gar nicht so einfach, ein klares Bild davon zu bekommen, was der erörterte Selektionsprozess denn nun tatsächlich in der Natur zu bewirken vermag.

Die menschlichen Bemühungen in der Zucht von Tieren und Pflanzen legen eine gigantische Variationsbreite nahe. Eindrückliche Beispiele hierfür sind die Zuchtformen des Kohls und die Rassen des Haushunds. Darwin war besonders von den Varietäten der Taube fasziniert. Zu beachten ist allerdings, dass die allermeisten Zuchtformen, die extrem vom Wildtyp abweichen, in der Natur (also außerhalb menschlicher Agrokultur) nicht überlebensfähig sind.

Doch auch wildlebende Gattungen entfalten eine enorme Formenvielfalt. Bei den Pflanzen beeindrucken z. B. die Weidenartigen, bei den Vögeln die

---

[17] Das bedeutet nicht, dass dieser Zusammenbruch zwingend anerkannt werden muss. Auch wenn die schrittweise Entstehung einer lebenden Zelle nicht beschrieben werden kann, so kann nicht bewiesen werden, dass es diese Möglichkeit nicht gibt. Dieser Beweis kann in der Biologie nicht geführt werden, denn er würde erfordern, dass man alle denkbaren Wege kennt und widerlegen kann.

Kleidervögel von Hawaii und bei den Fischen die Barsche der ostafrikanischen Seen. Das Beispiel der Grundfinken (*Geospiza*) auf den Galapagosinseln offenbart im Vergleich dazu nur ein bescheidenes Ausmaß an Variation. Da es aber zu den ersten Vorzeigefällen gehört, ist es heute besonders gut untersucht, und es entpuppte sich dabei als denkbar ungeeignet, Evolution im Sinne Darwins zu demonstrieren – was aber nicht seine Schuld war. Die Unterschiede zwischen den mitgebrachten Bälgen fielen ihm erst nach der Reise auf, und er gab offen zu,

dass die meisten Exemplare seiner Finkensammlung durcheinandergeraten waren, er aber den starken Verdacht habe, dass einige Arten auf einzelne Inseln beschränkt seien.[18] In der Folge gab es mehrere Sammelexpeditionen, und am Ende waren 1931 für die verschiedenen „Arten" 67 wissenschaftliche Namen vergeben.[19] Der Ornithologe David Lack untersuchte die Finken dann 1938 in ihrem Lebensraum und bemerkte, dass die meisten Unterteilungen nur auf dem Papier existierten. Er reduzierte die Nomenklatur auf 13 Arten und schlug ein Schema vor, nach dem sie sich auseinanderentwickelt haben sollten. Hierfür prägte er den Begriff „Adaptive Radiation".[20] Was immer noch rätselhaft erschien, war das Fehlen von größeren physikalischen Unterschieden zwischen den Inseln und von wie auch immer gearteten Isolationsmechanismen. Für natürliche Auslese gab es gar keinen Raum!

Erst in jüngster Zeit zeigte sich, dass die Varianten (es geht hauptsächlich um Unterschiede in Körpergröße und Schnabelform) sich oft innerhalb kürzester Zeit durchsetzen. In sehr trockenen Jahren überleben bevorzugt Finken mit dickeren Schnäbeln. In feuchteren Jahren mit vielseitigerem Nahrungsangebot kehrt sich dieser Trend um. Der Biologe Peter Grant, dem diese Beobachtung zu verdanken ist, prägte dafür den Ausdruck „Oscillating Selection"[21] (Pendelnde Selektion). Er lässt offen, ob bei diesem Selektionsprozess überhaupt mehr als reversible (d. h. umkehrbare) Veränderungen in der *Häufigkeit* bestimmter Formen auftreten. Obwohl seine Daten gerade zeigen, dass dieser Vorgang mit darwinscher Auslese nichts zu tun hat, wurde sein Artikel in der Zeitschrift SCIENCE in diesem Sinn gefeiert: „Die Galapagosfinken – das klassische Beispiel dafür, wie natürliche Auslese in Jahrmillionen wirkt – hat man jetzt in wirklicher Zeit evolvieren gesehen. Eine einzige Trockenperiode kann eine Population verändern."[22]

Das ist das eigentlich Beunruhigende an dieser ganzen Geschichte. Obwohl längst bekannt ist, dass mit den Finken entwicklungsbiologisch nicht viel Staat zu machen ist, werden sie weiter als Evolutionsbeleg missbraucht. Es besteht heute eine unglaubliche Diskrepanz zwischen dem, was die Evolutionsbiologie wirklich zu belegen vermag, und dem, was in den verschiedensten Medien vorgegaukelt wird.

In Bezug auf die Finken jedenfalls ist der aktuelle Stand der Ornithologie folgender: „Die Fortpflanzungsschranken sind zusammengebrochen oder haben sich bei den verschiedenen *Geospiza*-Formen nie in bedeutendem Umfang entwickelt."[23] Das bedeutet im Klartext, dass die Grundfinken dieser Gattung *eine* einzige verzweigte Population mit reichem Genpool bilden. Das gleichzeitige Vorhandensein verschiedener genetischer Optionen wird auch als „Polyvalenz" bezeichnet. Wenn Darwin und seinen Mitstreitern nicht der Blick auf die Größe des Schöpfers verstellt gewesen wäre, hätten sie das vielleicht damals schon, auch ohne Kenntnis der Genetik, so erkannt, wie es sich uns heute offenbart – als programmierte Vielfalt.

5. Makroevolution: Survival ist nicht Arrival

Darwin hat die Reichweite seiner Theorie kolossal überschätzt. Sein Buch hält nicht, was der Titel „Origin of Species" verspricht. Es ist in dieser Hinsicht eine Mogelpackung. „In Darwins Buch zum Ursprung der Arten gibt es keine Art-Definition. Dies ist eine der großen Schwächen dieses Werkes, in dem es um den Artenwandel, nicht jedoch um den Ursprung derselben geht – wo die ersten Lebensformen herstammen, konnte Darwin nicht beantworten"[24], bedauerte vor kurzem ein deutscher Evolutionsbiologe in einem Interview. Er erwähnt nicht, dass diese Frage heute noch genauso unbeantwortet ist und dass nicht nur der Ursprung der „ersten Lebensformen", sondern der Ursprung jeder wirklichen Innovation (Neuerung) ein Rätsel geblieben ist. Damit sind wir beim Knackpunkt der Theorie. Die spannende Frage ist nicht die nach dem „Survival" (Überleben – Welche Merkmale bleiben erhalten?), sondern die nach der „Arrival" (Ankunft – Woher kommen neue Merkmale?).

Das Prinzip „Survival of the Fittest"[25], das Überleben der Bestangepassten, ist eine Tautologie – sinnleer –, jedenfalls nicht sinnvoller als der Satz: „Sieger ist, wer gesiegt hat." Warum? Weil er keinen Informationsgehalt hat. Aussage: Der am besten Angepasste überlebt. Frage: Warum überlebt er? Antwort: Weil er am besten angepasst ist. Frage: Woher weiß man, dass er am besten angepasst ist? Antwort: Weil er überlebt hat. (Und wenn er nicht gestorben ist, so lebt er noch heute).

Die Selektionstheorie kann einen evolutionären Entwicklungsweg nicht voraussagen und ist deswegen in keinem konkreten Fall überprüfbar. Sie ist zwar nützlich zur *Beschreibung* von Anpassungsvorgängen (wie in dem angeführten Beispiel), aber sie *erklärt* nicht das Auftreten neuer Konstruktionen. Es besteht, technisch ausgedrückt, ein grundlegender Unterschied zwischen einem Optimierungsproblem und einem Konstruktionsproblem. Wenn diese Theorie einen Beitrag zur Rekonstruktion der Geschichte der Lebewesen liefern soll, so müsste sie auch einen Mechanismus beschreiben, durch den neue Information und neue Baupläne entstehen.

Darwin konnte da nur spekulieren. Er vertrat in dieser Hinsicht eine ähnliche Vorstellung wie Lamarck. Er nahm also an, dass erworbene Eigenschaften eines Individuums durch kleine Informationsträger in die Keimzellen gelangen und so an die Nachkommen weitergegeben werden, und nannte dies „Pangenesis".[26] Diese Idee wird häufig mit Lamarcks Giraffen-Beispiel illustriert. Die Giraffe streckt sich nach den höchsten Zweigen aus und verlängert mit dieser Gymnastik ihren Hals. Sie erwirbt also in ihrem Leben ein Merkmal, das sie von Geburt an nicht hatte – eben einen etwas längeren Hals. Diese anatomische Veränderung werde dann irgendwie in die Information der Spermien oder Eizellen hineingeschrieben und an den Nachwuchs vererbt werden. Dieser komme dann schon mit einem längeren Hals zur Welt und werde das Spiel fortsetzen. So naheliegend diese Theorie schien, sie ist falsch. Die geheimnisvollen Botenstoffe, die Darwin „Gemmulae" nannte und die Haeckel als „Plastidule" bezeichnete, gibt es nicht. Die Entdeckungen der Genetik widerlegen alle derartigen Vorstellungen und ziehen damit Darwins Theorie den Boden unter den Füßen weg. Denn was nun als Quelle neuer Information übrigblieb, waren „genetische Mutationen". Das sind zufällig (oder jedenfalls „ungerichtet") auftretende Schäden an der Erbinformation.

Da Darwins Theorie in ihrer ursprünglichen Form heute von niemandem mehr vertreten wird, ist die Kritik daran nur von historischem Interesse. Bemerkenswert ist aber, dass bis heute kein plausibler Mechanismus in Sicht ist, der die Makroevolution, die Entstehung neuer Baupläne, erklären könnte. Auch wenn die Entdeckung homöotischer Mutationen[27] eine Zeitlang große Mutationssprünge („Hopeful monsters"[28]) denkbar zu machen schien und heute viele Wissenschaftler ihre Hoffnung in Evo-Devo-Modelle[29] setzen, bleibt dieses Rätsel bislang ungelöst.

6. Ähnlichkeiten: Gemeinsamer Vorfahr oder gemeinsamer Schöpfer?

Wenn weder Darwin noch sein Großvater eine Vorstellung davon hatten, was die Ursache der beobachteten Variabilität ist, was bestärkte sie dann darin, ihre Abstammungslehre zu vertreten?

Die wesentliche Stütze des Evolutionsgedankens war damals, und ist heute noch, das Ähnlichkeitsargument. Die Untersuchung alter Sprachen zeigt, dass der Mensch schon in frühester Zeit die Lebewesen nach ihren äußeren Merkmalen klassifizierte und benannte. Ein weiterer Schritt ist die Darstellung solcher Klassen in einer hierarchischen Ordnung. Schon eine oberflächliche Betrachtung der Lebewesen offenbart eine abgestufte Ähnlichkeit, und es ist offensichtlich, dass einige Lebewesen Merkmale und Fähigkeiten haben, die anderen fehlen. Die „Stufenleiter der Natur" ist eine naheliegende Veranschaulichung dieser Beobachtung (und ist seit der Antike gebräuchlich).

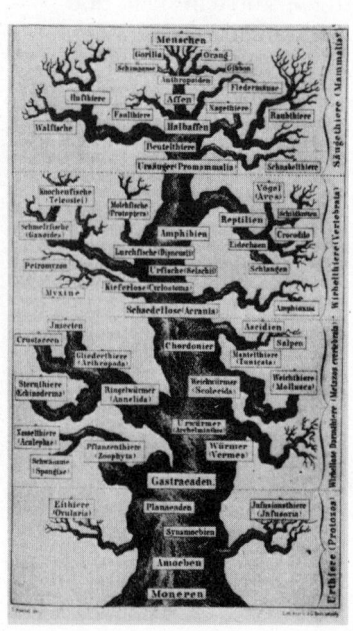

Mit dem monumentalen Werk *Systema Naturae* legte der schwedische Naturforscher Carl von Linné (1707–1778) den Grundstein zur modernen Systematik, der Einteilung aller Lebewesen in ein abgestuftes Ähnlichkeitsschema. Ihm lag allerdings der Gedanke fern, dass diese Systematik etwas mit

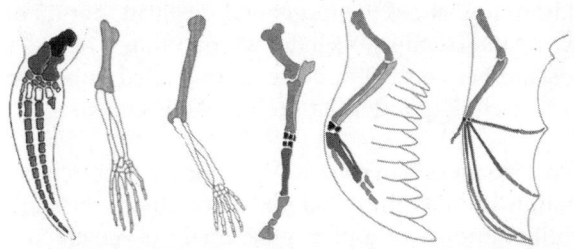

Wal Eidechse Mensch Pferd Vogel Fledermaus

Das Homologieargument: „Was kann es Sonderbareres geben, als dass die Greifhand des Menschen, der Grabfuß des Maulwurfs, das Rennbein des Pferdes, die Ruderflosse der Seeschildkröte und der Flügel der Fledermaus sämtlich nach demselben Modell gebaut sind und gleiche Knochen in der nämlichen gegenseitigen Lage enthalten?"

Charles Darwin, *Origin of Species*, Kap. 13, S. 434

gemeinsamer Abstammung zu tun haben könnte. Ganz im Gegenteil, er sah darin das Wirken eines Schöpfers, der alle Formen gemäß einer gewissen Ordnung erschuf.

Die Ähnlichkeit der Lebewesen kann heute nicht nur morphologisch-anatomisch, sondern auch genetisch-molekularbiologisch, ontogenetisch (d. h. von der Embryonalentwicklung her) und mithilfe unzähliger Fossilienfunde dargestellt werden. Der Fossilbericht der geologischen Systeme wirft viele Fragen auf (besonders vor dem Hintergrund der biblisch begründeten Annahme einer jungen Erde). Doch obwohl sehr viel mehr Daten zur Verfügung stehen, gilt nach wie vor das Fazit: Der Rückschluss von den Ähnlichkeiten auf die gemeinsame Abstammung ist ein weitergehender Schritt, der nicht zwingend daraus abgeleitet werden muss. Aus der beschreibenden Hierarchieordnung wird dabei ein historisch deutender Stammbaum des Lebens.

Darwin sah sich in seinem Verständnis dadurch bestätigt, dass es ihm undenkbar erschien, dass ein vollkommener Schöpfer manchmal für verschiedene Funktionen auf denselben Bauplan zurückgegriffen haben sollte (Homologie), während er andererseits eine bestimmte Funktion mit unterschiedlichsten Konstruktionen löste (Analogie). Die Funktionsanforderung allein erschien ihm als Erklärung übereinstimmender Baupläne nicht ausreichend. In die gleiche Richtung geht das „Unvollkommenheitsargument". Biologische Konstruktionen werden als mangelhaft eingestuft und im Widerspruch zu einem planenden Geist gesehen. Dieses Urteil zeugt von einer gewissen Selbstüberschätzung.

Eine evidente Kritik setzt voraus, dass nicht nur sämtliche Zusammenhänge bekannt sind, sondern dass man auch in der Lage ist, eine bessere Konstruktion vorzuschlagen – ein Anspruch, dem bisher noch keine Unvollkommenheitskritik gerecht wurde. In vielen Fällen erweist sich diese Kritik als eine Folge mangelnder Kenntnis; und häufig wurde sie nur widerlegt, weil Wissenschaftler sich provoziert fühlten, den Schöpfer zu verteidigen und der Sache auf den Grund zu gehen. Der Umgang mit dem Einwand der Unvollkommenheit wird allerdings dadurch erschwert, dass die Schöpfung, die wir heute erforschen, tatsächlich keineswegs vollkommen, sondern durch die Folgen des Sündenfalls gezeichnet ist.

7. Entstehung des Lebens: Geschafft, den Schöpfer abzuschaffen?

Darwin entfernte sich im Lauf seines Lebens immer weiter weg von Gott und verwarf die biblische Offenbarung. Seine Theorie über die Entstehung der Lebensformen dehnte er auch auf den Menschen aus. Dabei war er trotz seiner Glaubensferne immer aufrichtig darin, diese Lehre nicht als eine Ersatzreligion mit dem Anspruch auf Letztbegründung zu vertreten. Die Fragen nach dem Ursprung von Raum, Zeit und Materie blieben von seinen Überlegungen genauso unberührt wie die Frage nach dem Ursprung des Lebens. Er stellte diese Fragen auf eine Ebene.[30]

Obwohl der Titel seines Werkes mit „Über den Ursprung ..." beginnt, spielt das „Wie?" des Lebensanfangs darin keine Rolle, und beim „Woher?" muss auch Darwin auf den Schöpfer verweisen, der den Keim allen Lebens eingehaucht habe.[31]

Wenn seine Lehre heute dazu missbraucht wird, den Atheismus zu stützen, so wird die Frage nach dem Ursprung des Lebens dabei häufig ausgeblendet. „Selbst wenn die ersten Ur-Mikroben vor Jahrmillionen vom Mars auf die Erde gelangt wären, was nicht ausgeschlossen werden kann, wäre die Evolution nach den heute bekannten Prinzipien ab-

gelaufen", beteuert der bereits zitierte Evolutionsbiologe und Apologet des Atheismus.[32]

Was nach irdischen Maßstäben bis heute unvor-
stellbar ist, soll notfalls auf dem Mars oder sonstwo
im Weltall stattgefunden haben können. „Obwohl
Atheismus möglicherweise schon vor Charles Darwin logisch verteidigungsfähig war, hat erst Darwin es ermöglicht, ein intellektuell erfüllter Atheist
zu sein", schreibt Richard Dawkins in seinem Buch
Der blinde Uhrmacher[33]. Wer im atheistischen Evolu-
tionismus intellektuelle Erfüllung sucht, verschließt
seine Augen davor, dass die ganze Theorie nicht
einmal auf tönernen Füßen steht, sondern wort-
wörtlich im luftleeren Raum hängt.

Kapitel 3
Was bewirkte Charles Darwin?

Was die Bedeutung der Evolutionstheorie für die Naturwissenschaften angeht, so wird diese heute aus ideologischen Gründen häufig stark überbewertet. Immer wieder stößt man auf das Dobzhanski-Zitat: „Nichts in der Biologie ergibt einen Sinn, außer im Licht der Evolution."[34] Im *Focus* konnte man lesen, die Entdeckung von Variation und Selektion habe die Biologie „von einer Käfer-Sammelkunst zur anerkannten Naturwissenschaft befördert[35]." Tatsächlich hat Darwins Theorie verschiedenste Wissensgebiete befruchtet. Bezogen auf naturwissenschaftliche Arbeitsweise und Erkenntnisse sind die zitierten Einschätzungen aber unhaltbar. Als historische Rekonstruktion des Ablaufs der Geschichte der Lebewesen wäre sie entbehrlich. Diese Frage ist eigentlich nur von akademischem Interesse. Lediglich was die Frage nach dem *Mechanismus* des Formenwandels angeht, ist sie in verschiedenen Arbeitsgebieten der Biologie von großem Nutzen. Es ist durchaus möglich (und unbedingt nötig!), diese beiden Aspekte der Evolutionstheorie zu unterscheiden.

Für das Gottes- und Menschenbild hat Darwins Theorie dagegen weitreichende Folgen. Der Einfluss, den das „Licht der Evolution" auf das Denken, Handeln und Zusammenleben der Menschen hat, ist kaum hoch genug einzuschätzen.

1. Darwin auf der Anklagebank?

Bevor wir die Rezeption, also die Auswirkungen von Darwins Lehre beleuchten, muss klar gesagt werden, dass es bei dieser Betrachtung nicht darum geht, Darwin vor Gericht zu zerren. Leider gibt es unter christlichen Autoren eine gewisse Tendenz dahingehend, Darwin und den Darwinismus für nahezu sämtliche Übel der modernen Gesellschaft verantwortlich zu machen.

Was den Menschen Charles Darwin angeht, dessen Leben das Thema des ersten Kapitels war, so bleibt festzuhalten, dass seine Reisegefährten auf der „Beagle" (mit denen er immerhin fünf Jahre Tag und Nacht zusammenlebte), seine Familie und alle Personen, mit denen er in einer engeren Beziehung stand, ihm ein ausgezeichnetes Zeugnis ausstellten, was seine persönliche Integrität betrifft. Er wird als liebevoller Ehemann, verständnisvoller Vater, umgänglicher Kollege und sorgfältig arbeitender Wissenschaftler beschrieben.[36]

Bis vor kurzem war es nur Historikern möglich, selbstständig in Darwins Hinterlassenschaften zu stöbern. Heute steht sein gesamter schriftlicher Nachlass in digitalisierter Form im Internet. Auf den Seiten www.darwin-online.org und www.

darwinproject.ac.uk kann jeder interessierte (und des Englischen kundige) User sich selbst ein Bild machen; und dies wird häufig anders ausfallen als das, was in den Medien im Allgemeinen verbreitet wird.

Wenn auch über die persönliche Verantwortung und die Motive Darwins hier nicht geurteilt werden soll, so ist es doch legitim, die Frage zu stellen, welche Auswirkungen seine Lehre hat. Und sie hat verheerende Auswirkungen!

2. Sozialdarwinismus – nicht in Darwins Sinn?

Wenn die Stichwörter „Darwin" und „Folgen" beieinander stehen, geht es fast immer um den Themenkomplex „Sozialdarwinismus". In der christlichen Zeitschrift *ideaSpektrum* ist zu lesen: „Was ist nun aber riskant an Darwins Entdeckungen, Abhandlungen und Theorien? Worin bestehen die verhängnisvollen Folgen? Ehe wir sie benennen, müssen wir Darwin selbst vor ihnen in Schutz nehmen. […] Denn was nachfolgende Forscher und ihre Versuche daraus gemacht haben, war nicht in seinem Sinn, wohl auch nicht von ihm vorhersehbar. Das ist nun die Stelle, an der wir über den so genannten ‚Sozialdarwinismus' sprechen müssen. Was ist damit gemeint? Es handelt sich um die Absicht, Darwins Lehre von der natürlichen Auslese auf die menschliche Gesellschaft zu übertragen."[37]

Eine treffende Charakterisierung der dunkelsten Seite der Selektionstheorie. Bemerkenswert ist allerdings, dass Darwin vorweg aus der Schusslinie

genommen wird. Diese Beobachtung lässt sich ver-
allgemeinern. Fast alle Autoren, die dieses Thema
anschneiden, bemühen sich um eine scharfe Ab-
grenzung Darwins vom Sozialdarwinismus, der
nicht im Entferntesten Darwins Welt- und Menschenbild entspreche[38]. Aber ist das wirklich so?
Lag Darwin die Anwendung seiner Lehre auf den
Menschen tatsächlich so fern?

Schon der Begriff „Struggle for Life", auf Deutsch
mit „Kampf ums Dasein" wiedergegeben, sei
gründlich missverstanden worden. Darwin habe
keinesfalls an einen „blutigen Kampf ums Überleben", sondern vielmehr an einen bloßen Vermeh-
rungswettlauf gedacht, wird häufig argumentiert.
Zweifellos wurde der Begriff häufig missbraucht.
Aber Darwin hat die beschriebene Unterscheidung
nicht gemacht! Er beobachtete und beschrieb verschiedene Konkurrenzsituationen bei Pflanzen und
Tieren. Manche entsprechen eher dem Kampf ge-
geneinander, manche eher dem Wettlauf nebenein-
anderher. Er hielt daher fest: „Ich will vorausschi-
cken, dass ich diesen Ausdruck in einem weiten
und metaphorischen Sinne gebrauche, unter dem
sowohl die Abhängigkeit der Wesen voneinander,
als auch, was wichtiger ist, nicht allein das Leben
des Individuums, sondern auch die Sicherung seiner Nachkommenschaft einbegriffen wird. [...] In
diesen verschiedenen Bedeutungen, die ineinander
übergehen, gebrauche ich der Bequemlichkeit hal-
ber die allgemeine Bezeichnung Kampf ums Dasein."[39]

Darwin wendete seine Theorie sowohl auf die Verhältnisse im Tier- und Pflanzenreich an als auch

auf die menschlichen Verhaltensweisen. Genaugenommen waren die menschlichen Verhältnisse, das Buch *Principle of Population* (Bevölkerungsgesetz) von Thomas Malthus, sogar sein Ausgangspunkt.[40] Er machte hier keine grundsätzliche Unterscheidung: „Wenn zwei Menschenrassen sich begegnen, so verhalten sie sich genauso wie zwei Arten von Tieren. Sie bekämpfen sich gegenseitig, fressen sich gegenseitig, bringen sich Krankheiten usw. Aber dann kommt der entscheidende Kampf, nämlich wer die effizienteste Organisation oder den besseren Instinkt (z. B. beim Menschen: die höhere Intelligenz) hat, um sich durchzusetzen."[41]

Vor diesem Hintergrund sah Darwin die Notwendigkeit zur „Höherentwicklung der Rasse" auch für den modernen Menschen. Er führt dazu ein Beispiel aus der jüngeren Geschichte an: „Denken Sie daran, wie groß noch vor wenigen Jahrhunderten die Gefahr für die europäischen Völker war, von den Türken überrannt zu werden – und wie lächerlich eine derartige Vorstellung heute ist! Die zivilisierteren sogenannten kaukasischen Rassen haben die Türken im Kampf ums Dasein völlig überwunden. Stellen wir uns die nahe Zukunft vor – eine endlose Zahl niederer Rassen wird überall auf der Welt durch die höher zivilisierten Rassen vernichtet worden sein."[42]

In seinem Werk „Die Abstammung des Menschen und die geschlechtliche Zuchtwahl" führt er konkret aus, wo er das Problem für den modernen Menschen sieht: „Ich habe bis jetzt den Fortschritt des Menschen von einem früheren halbmenschlichen Zustand zu dem der jetzt lebenden Wilden betrachtet. Es dürfte aber doch der Mühe wert sein, einige Bemerkungen über die Wirksamkeit der natürlichen Zuchtwahl auf zivilisierte Nationen hinzuzufügen. [...] Bei Wilden werden die an Geist und Körper Schwachen bald beseitigt und die, welche leben bleiben, zeigen gewöhnlich einen Zustand kräftiger Gesundheit. Auf der andern Seite tun wir zivilisierte Menschen alles nur Mögliche, um den Prozess dieser Beseitigung aufzuhalten. Wir bauen Zufluchtsstätten für die Schwachsinnigen, für die Krüppel und die Kranken; wir erlassen Armengesetze und unsere Ärzte strengen die größte Geschicklichkeit an, das Leben eines Jeden bis zum letzten Moment noch zu erhalten. [...] Hierdurch geschieht es, dass auch die schwächeren Glieder der zivilisierten Gesellschaft ihre Art fortpflanzen. Niemand, welcher der Zucht domestizierter Tiere seine Aufmerksamkeit gewidmet hat, wird daran zweifeln, dass dies für die Rasse des Menschen im höchsten Grade schädlich sein muss. Es ist überraschend, wie bald ein Mangel an Sorgfalt oder eine unrecht geleitete Sorgfalt zur Degeneration einer domestizierten Rasse führt; aber mit Ausnahme des den Menschen selbst betreffenden Falls ist wohl kaum ein Züchter so unwissend, dass er seine schlechtesten Tiere zur Nachzucht zuließe."[43]

Biologisch gesehen ist demnach das Lebensrecht für Behinderte und Schwache schädlich für die „zivilisierte Nation". Darwin sieht es als Folge der hochentwickelten sozialen Instinkte des Menschen: „Die Hilfe, welche dem Hilflosen zu widmen wir uns getrieben fühlen, ist hauptsächlich das Resultat des Instinkts der Sympathie, welcher ursprünglich als ein Teil der sozialen Instinkte erlangt wurde. Auch könnten wir unsere Sympathie, wenn sie durch den Verstand hart bedrängt würde, nicht hemmen, ohne den edelsten Teil unserer Natur herabzusetzen."[44]

Wie sieht Darwins Lösung aus? Er ist sich dessen bewusst, dass der Mensch nicht allein den Gesetzen der Selektionstheorie folgen darf. Daher ist die Schlussfolgerung für ihn: „Wir müssen daher die ganz zweifellos schlechte Wirkung des Lebenbleibens und der Vermehrung der Schwachen ertragen" – aber er bleibt dabei nicht stehen. Es heißt weiter: „… doch scheint wenigstens ein Hindernis für die beständige Wirksamkeit dieses Moments zu existieren, in dem Umstand nämlich, dass die schwächeren und untergeordneteren Glieder der Gesellschaft nicht so häufig als die Gesunden heiraten; und dies Hemmnis könnte noch ganz außerordentlich verstärkt werden, trotzdem man es mehr hoffen als erwarten kann, wenn die an Körper und Geist Schwachen sich des Heiratens enthielten."[45]

Wenn auch das Lebensrecht nicht angetastet werden kann, dann könnten wenigstens Hemmnisse gegen das Recht auf Fortpflanzung „außerordentlich verstärkt werden". Deutlicher geht es kaum. Wer behauptet, der Sozialdarwinismus entspräche nicht im Entferntesten Darwins Welt- und Menschenbild, hat *Die Abstammung des Menschen* entweder nicht gelesen oder ignoriert.

Wer in dem Zitat allerdings die Vorlage für das Vernichtungsprogramm der Nationalsozialisten zu erkennen glaubt, sollte sich auch erinnern, dass Darwin selbst gerade diese Empfehlung *nicht* gibt. Aber die Anwendung des Selektionsgedankens auf den

Menschen und auf Nationalstaaten geht trotzdem u. a. auf sein Werk zurück. Und in den Händen von Faschisten, die weniger Skrupel dabei hatten, „den edelsten Teil ihrer Natur" für eine vermeintlich gute Sache „herabzusetzen", hatte diese Idee schreckliche Folgen.

Mitunter werden die Gräueltaten des Sozialdarwinismus gegen die Gräueltaten der Christenheit aufgerechnet. Nicht ganz zu Unrecht – die Geschichte der Christenheit ist wahrhaft kein Ruhmesblatt. Der entscheidende Unterschied ist aber dieser: Während die Gräueltaten „im Namen Christi" nicht mit der biblischen Lehre übereinstimmen und mit ihrer Hilfe als falsch erkannt werden können, lassen sich aus der Lehre Darwins keine Argumente gegen den Sozialdarwinismus und seine Auswüchse ableiten.

Darwin selbst verstand sein Werk nicht als Aufruf, die Selektion in den Bereichen menschlichen Lebens zu forcieren. Ihm war äußerst unwohl dabei mitzuerleben, dass radikale Vordenker wie der wortgewaltige Philosoph Herbert Spencer (1820–1903) für eine konsequente Umsetzung der evolutionären Erkenntnis in Moral und Ethik eintraten. Nach den schrecklichen Geschehnissen im Nationalsozialismus und Sowjetkommunismus begegnen heute die meisten Wissenschaftler den sozialdarwinistischen Thesen ablehnend.

3. Charles (R)Evoluzzer Darwin

Darwins Lebenswerk ist eine Theorie, die für sich in Anspruch nimmt, die Entwicklungsgeschichte der

Lebewesen zu erhellen. Die Entstehung und Veränderung aller Lebensformen wird darin naturalistisch gedeutet, d. h. ausschließlich als Ergebnis der Wirkung naturgesetzlicher Kräfte. Sie führte aber nicht nur zu einer Revolution in den Naturwissenschaften, sondern bewirkte einen Umbruch in der gesamten abendländischen Geistesgeschichte. Wie aber kann eine Lehre, die sich mit einer primär biologischen Fragestellung auseinandersetzt, das ganze Denken umkrempeln?

Vielleicht ist es hilfreich, verschiedene Aspekte zu unterscheiden. Als wissenschaftlicher Impuls hat die Evolutionstheorie nahezu alle Disziplinen menschlichen Denkens und Forschens verändert. Es blieb aber nicht nur bei einem Impuls, sondern die Evolutionstheorie wurde sehr bald zu einem Paradigma erhoben. Das evolutionäre Weltbild ist heute der allgemein anerkannte Deutungsrahmen, der nicht mehr hinterfragbar ist. Das bedeutet, die Frage, *ob* es eine Evolution „von der Amöbe bis Goethe" gegeben habe, ist ein Tabu. Es geht nur noch darum, *wie* diese Entwicklung im Detail verlaufen sein könnte. Der Entwicklungsgedanke wurde bald ausgedehnt auf die Entstehung des Kosmos (kosmische Evolution), des Lebens (chemische Evolution), der Kultur und Religion (kulturelle Evolution) und sogar auf menschliche Erfindungen (technische Evolution).

Die Akzeptanz der gemeinsamen Abstammung aller Lebewesen führte in Folge zu einem neuen Menschenbild. Die Sonderstellung des Menschen in der Schöpfung wurde plötzlich begründungsbedürftig. Außerdem wurde die biblische Offenbarung zunehmend abgelehnt, und das nicht nur, weil sie in Bezug auf die Ursprungsfrage überholt erschien, sondern weil jedes Wunder und jedes übernatürliche Wirken im Widerspruch zum Prinzip des Naturalismus stand, der sich nun mit Macht Bahn brach. Da auch die Religionen (und jede Form der Erkenntnis) im Zusammenhang mit der menschlichen Entwicklung als „Evolutionsprodukte" begriffen wurden, stellt sich seither die Frage nach „Wahrheit" ganz anders.

4. Der Abstieg des Menschen: Ist der Mensch nur ein Tier?

Darwin gehörte zu den wenigen europäischen Gelehrten, die Gelegenheit hatten, Eingeborenen in ihren ursprünglichen Lebensumständen zu begegnen. Besonders beeindruckten ihn die Feuerland-Indianer. Ihre scheinbar völlige Andersartigkeit fand er faszinierend und abstoßend zugleich.[46] Er interpretierte sie als eine Art Übergangsform zwischen Mensch und Tier und ließ sich durch diese fatale Fehleinschätzung maßgeblich beeinflussen. Und das, obwohl er an Bord der *Beagle* mit drei Feuerland-Indianern reiste, die man auf einer früheren Expedition mit nach England genommen hatte, wo sie sich an die englische Lebensweise sehr schnell angepasst hatten. Als sie nun in ihre alte Heimat entlassen wurden, kehrten sie schnell wieder zu ihrer ursprünglichen Lebensweise zurück, woraus Darwin schloss, dass ihre Anpassung etwa das Gleiche ist, wie wenn ein Affe das vernünftige Verhalten eines Menschen imitiert. Hätte Darwin die Gelegenheit gehabt, ihre Sprache zu erlernen, so hätte er erkennen können, dass die „Fuegians" ganz echte Menschen sind. Die ausgeübte Kulturform einer Volksgruppe lässt keinen Rückschluss auf ihre Intelligenz zu. Es gibt keinen nachweislichen Zusammenhang zwischen unseren verstandesmäßigen Möglichkeiten und dem erreichten kulturellen Niveau. „Primitive Wilde", die gestern noch Steine zurechtklopften, können morgen schon Mikrochips herstellen. Die kulturellen Unterschiede erfuhren bei Darwin eine Überbewertung. In seinem Buch über die Entstehung der Arten hatte er die Anwendung auf den Menschen nur vage angedeutet. In seinem späteren Werk zieht er diese Linie durch. Es trägt den Titel *Descent of man*, was man mit *Abstammung* oder vielleicht treffender mit *Abstieg des Menschen* übersetzen kann.

Eine konsequent evolutionäre Sichtweise lässt die kategorische Unterscheidung zwischen Menschen und Tieren als Produkt menschlicher Überheblichkeit und Willkür erscheinen. Sie wird als Relikt der christlichen Leitkultur begriffen, das hinterfragt werden sollte. Dafür werden sogar edle Motive genannt: „Führende Evolutionsforscher bemühen sich darum, Schimpanse und Mensch wegen der nahezu 99-prozentigen Identität auf dem Niveau der Protein-Gene in dieselbe Gattung ,Homo' zu stellen. Würde man Schimpansen demgemäß als zweite Menschenart definieren, was biologisch sinnvoll wäre, könnte man unsere nächsten Verwandten vor der Ausrottung schützen, da Schimpansen dann Menschenrechte hätten. Diese Konsequenz aus der evolutionären Ethik stößt bei christlich-konservativen Personen, die an biblische Dogmen und Wunder glauben, auf Ablehnung."[47]

Die Annäherung zwischen Mensch und Tier *kann* tatsächlich in der beschriebenen Art und Weise ablaufen. Tiere werden als „menschlichere Wesen" betrachtet und besser geschützt. (Dies treibt zuweilen skurrile Blüten. So gibt es inzwischen nicht wenige, die in Frage stellen, ob der Mensch überhaupt ein Recht dazu hat, sich die Tiere in irgendeiner Form nutzbar zu machen. Die Grenzziehung verfällt der Beliebigkeit.)

Was allerdings viel häufiger beobachtet werden kann, ist das Gegenteil: Der Mensch wird „tierischer", und der Schutz menschlichen Lebens wird vernachlässigt. Tragische Folgen hat es für ungeborene und geistig behinderte Menschen, wenn der Versuch unternommen wird, Lebensrecht und Lebenswert des Menschen an naturwissenschaftlichen Kriterien festzumachen. Auf dieser Ebene kann man zu der Schlussfolgerung des australischen Philosophen Peter Singer gelangen: „Bei jedem fairen Vergleich moralisch relevanter Eigenschaften wie Rationalität, Selbstbewusstsein, Bewusstsein, Autonomie, Lust- und Schmerzempfindung und so weiter, haben das Kalb, das Schwein und das viel verspottete Huhn einen guten Vorsprung vor dem Fötus in jedem Stadium der Schwangerschaft."[48]

5. „Die Würde des Menschen ist unantastbar"

„Die Würde des Menschen ist unantastbar. Sie zu achten und zu schützen ist Verpflichtung aller staatlichen Gewalt." Mit diesen beiden Sätzen beginnt das deutsche Grundgesetz (GG, Art.1, Abs.1). Was ist überhaupt „Würde"? Kant definiert: „Würde ist alles, was über jeden Preis erhaben ist. Würde ist ein innerer Wert. Grundlage für die Würde des Menschen ist seine Autonomie [Selbstbestimmung]."

Die Autonomie des Menschen lässt sich nicht aus der Naturwissenschaft ableiten, sondern steht sogar im Widerspruch dazu. Um die Würde des Menschen zu retten (die eine Voraussetzung für unsere Ethik ist), wird die Autonomie trotzdem als gegeben angenommen. Damit steht die gesamte Ethik, die sich auf diesen Ansatz gründet, auf einem äußerst wackeligen Fundament. In einer biblisch begründeten Ethik hat die Würde des Menschen dagegen ihre Grundlage in seiner Gottesebenbildlichkeit. Wenn diese Basis verlassen wird, verliert die Ethik jeden Halt.

Im Christentum hat sie einen festen Bezugspunkt: Gott und seine Offenbarung, die Bibel. Ein Problem der Ethik im Rahmen der evolutionären Weltanschauung ist das Fehlen eines festen und unveränderlichen Bezugspunktes. Die Vertreter einer evolutionären Ethik sind sich dieses Problems bewusst und wehren sich gegen diesen Vorwurf. Im Nachwort zu einer Rezension schreibt der „Vorstand der AG Evolutionsbiologie", dass sich die „christlichen" Werte auch auf materialistischer Grundlage begründen ließen und dass der Unterscheidung zwischen Gut und Böse ein „weltimmanentes Prinzip" zugrunde liege[49]. Die Eckpunkte dieses Denkens sind denen der biblischen Ethik in der Abbildung auf der folgenden Seite gegenübergestellt.

Mensch Produkt des Schöpfers	Mensch Produkt der Evolution
Der Mensch ist zuerst Gott verantwortlich.	Der Mensch ist sich selbst und seinen Mitmenschen verantwortlich.
Der Mensch ist ein gefallenes Geschöpf.	Der Mensch ist von Natur aus gut.
Der Mensch ist abhängig von Gott.	Der Mensch ist unabhängig (autonom).
Der Mensch benötigt Gottes Offenbarung, um einen verlässlichen Maßstab für richtiges Handeln zu haben.	Der Mensch ist in der Lage, Ethik und Moralvorstellungen zu definieren und umzusetzen.
Gott hat in der Bibel verbindliche Normen offenbart, die heute noch gelten.	Normen entstehen durch gesellschaftlichen Konsens (Übereinstimmung) und gelten oft nur für eine begrenzte kulturgeschichtliche Epoche.
Bei Gott ist absolute Wahrheit und absolute Moral zu finden.	Es gibt weder absolute Wahrheit noch absolute Moral.

6. Naturalismus, Materialismus, Monismus

Die Begriffe Naturalismus, Materialismus und Monismus überschneiden sich weitgehend in ihrer Bedeutung. Die Akzente sind etwas unterschiedlich gesetzt. Der Naturalismus (*„Alles* ist physische *Natur"*) betont besonders die unumschränkte Geltung der Naturgesetze. Der Materialismus („Es ist *nur Materie"*) wird auch als „Physikalismus" bezeichnet und betont, dass auch alles Nichtmaterielle (z. B. Gedanken, Gefühle) doch seinen Ursprung in der Materie habe. Der Monismus („Geist und Materie bestehen aus *denselben Elementen"*) richtet sich gegen eine „wissenschaftliche Sonderbehandlung" alles Geistigen.

Die drei philosophischen Systeme beschreiben ein Weltbild, in dem das Universum (oder die Universen) die gesamte Wirklichkeit darstellt. Die Abkehr vom Schöpfer (der außerhalb der Schöpfung steht) bereitete den Boden für diese neue Sicht der Dinge. Alle ablaufenden Vorgänge sollen durch die Physik prinzipiell beschreibbar sein. Das beinhaltet auch die unbedingte Gültigkeit der Erhaltungssätze[50]. Jedes Mal, wenn eine „Größe" in das System eingreifen würde, um etwas zu bewirken, müsste ein Energiebetrag (aus physikalisch nicht fassbarer Quelle) eingebracht und danach ohne nachweisbare Spuren wieder aus dem System abgeführt werden. Dadurch würden die Erhaltungssätze verletzt (das ist aber nicht möglich). Die Existenz von Geist und Seele des Menschen (als nicht-körperliche oder nicht-materielle Größen) ist in diesem geschlossenen Weltbild nicht denkbar. Dies wird als Leib-Seele-Problem (oder auch: Geist-Materie-Problem) bezeichnet.

Neben dem funktionellen Einwand („Wie soll etwas Nicht-Physikalisches mit dem Physikalischen wechselwirken?") gibt es den historischen Einwand („Wie soll aus Physikalischem etwas Nicht-Physikalisches entstanden sein?"). Wie kann die Entstehung von „Geist" aus Materie erklärt werden? Diese Frage ist ebenfalls nicht lösbar. Es kann im Materialismus keinen Geist geben!

Diese Schlussfolgerung ist für viele inakzeptabel, weil sie verheerende Folgen für das Selbstverständnis des Menschen hat. Seine Freiheit wäre eine Illusion. Damit wäre jeder Ethik und Moral die Grundlage entzogen. Wenn der Mensch sein Handeln verantworten soll, muss er auch für sein Handeln ver-*antwort*-lich sein. Und verantwortlich ist nur der, der sein Handeln bestimmt. Das setzt willentliche, geistige Freiheit voraus. Die Schlussfolgerung, dass der Mensch nur Materie ist, kann also nicht akzeptiert werden, obwohl sie von der Naturwissenschaft her (nach materialistischem Verständnis) zwingend gefordert wird. Viele Wissenschaftler begnügen sich damit, den Widerspruch einfach als unlösbar („ignorabimuş") stehenzulassen, als eine „ewige Antinomie"[51]. Der Philosoph Immanuel Kant (1724–1804) drückt es so aus, dass wir in zwei verschiedenen Welten leben. Zum einen in der Welt der Naturwissenschaft mit allen natürlichen Objekten und Gesetzen und zum anderen in der Welt des sittlichen Verhaltens. In dieser gehorchen vernunftbegabte Menschen frei gewählten Gesetzen und handeln nach ihrem Willen und ihrer Verantwortung.

Die Bibel zeigt uns dagegen, dass der Schöpfer Jesus Christus „alle Dinge durch das Wort seiner Macht trägt" (Hebräer 1,3). „Alle Dinge sind durch ihn und für ihn geschaffen [...], und alle Dinge bestehen durch ihn" (Kolosser 1,16.17). Wir leben in *einer* Welt, in der alles in Gottes Hand liegt und seinem Willen unterworfen ist. Trotzdem gibt es eine Verantwortung des Menschen für sein eigenes Denken und Handeln. Die Naturgesetze erscheinen als Erklärungen mit beschränktem Geltungsbereich.

7. Entgeistert: Ist der Mensch eine Maschine?

Auch die Biologie, die Fachrichtung der Wissenschaft, die alle Aspekte des Lebens und den Menschen als einen ganzheitlichen Organismus zum Gegenstand hat, kann das Leib-Seele-Problem nicht auflösen. Es wird allgemein angenommen, dass jedem Bewusstseinsvorgang und jeder willentlichen Entscheidung ein neurophysiologischer Vorgang (Gehirnstrom) entspricht. Die meisten Biologen gehen noch weiter und betrachten Bewusstsein, Seele und Geist als Funktionen des Gehirns, als Ergebnisse seiner hochkomplizierten Struktur, als Emergenz (lat. *emergere* = auftauchen; neue Systemeigenschaft, die plötzlich auftaucht).

Als wichtigster Beleg dafür gelten die bekannten Wirkungen von Drogen (Alkohol, Nikotin, Halluzinogene usw.), Narkosemitteln und Psychopharmaka (Medikamente gegen psychische Erkrankungen). 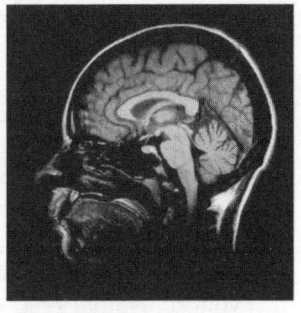 Diese Substanzen beeinflussen Bewusstsein, Wahrnehmung, Gefühle, Stimmungen und sogar das Denken und das Entscheidungsverhalten (also auch Dinge, die dem „geistigen Bereich" zugeordnet werden). Selbst ein Gefühl wie Liebe (Zuneigung, Sympathie) hat eine Entsprechung in Hormonen und Nerveneffekten. Sollte das alles nicht deutlich zeigen, dass unser Gehirn (und damit auch der Körper, den es steuert) nichts weiter als eine komplexe Maschine ist?

Auch wenn der Fall in der Biologie klar sein sollte und der „Dualismus" (Lehre von zwei Naturen, also Körper und Geist) abgelehnt werden muss, so vollziehen trotzdem auch Biologen die Unterscheidung in Körper und Geist in der Regel mit – um der Ethik und der Verantwortung willen.

Ein Biologe und Philosoph formuliert das Dilemma sehr treffend:

„Wir stoßen somit auf eine Aporie, auf ein unlösbares Problem. Auf der einen Seite steht die faktisch unbezweifelbare Auffassung von der biologischen Natur des Menschen und unser ungeheuer solide begründetes wissenschaftliches Weltbild, das dem Erhaltungssatz höchste Priorität zubilligt und Kausalität ohne Energieübertrag nicht kennt. Es gibt keine wissenschaftlichen Hinweise darauf, dass von der psychischen Seite her Kausalketten in die physische Welt hineinreichen.

Auf der anderen Seite glauben wir unerschütterlich an transzendentale Freiheit, an sittliche Verantwortung und Kreativität (und setzen damit eine Intervention des Geistes in den Vorgängen der Materie voraus). Die Aporie erscheint unlösbar; vermutlich ist sie unlösbar. Wir stoßen, so scheint es, an die Grenzen des Erkennens. Ein monistisches Weltbild [Materialismus] erscheint unerreichbar. Für unser Verhalten bedeutet die Unlösbarkeit der Aporie, dass wir als moralische Wesen ‚praktische Dualisten‘ bleiben, auch wenn wir als Wissenschaftler als ‚theoretische Monisten‘ argumentieren."[52]

8. Atheismus: Ohne Gott in der Welt

Die größte Gefahr des darwinistischen Gedankengebäudes besteht darin, dass die Verantwortung des Menschen vor Gott verschleiert wird. Zum einen geschieht dies dadurch, dass die Existenz Gottes seit dem Durchbruch der Evolutionstheorie von vielen Menschen als „unnötige Hypothese" angesehen wird.

Radikale Atheisten wie Richard Dawkins rufen beständig Darwin als Kronzeugen für die Abschaffung Gottes an und beschwören die Unvereinbarkeit von Wissenschaft und Religion in unserer Zeit. Die abendländische Geschichte zerfällt in ihren Augen in eine Zeit „nach Christus" und eine Zeit „nach Charles".

Auf die Frage: „Warum halten es viele große Wissenschaftler immer noch für möglich, an ihrem religiösen Glauben festzuhalten?", antwortet Dawkins: „Ich bin mir nicht sicher, ob das heutzutage noch zutrifft. Für mich ist der große Wendepunkt mit Darwin gekommen. Ich bin ganz und gar unbeeindruckt von der Tatsache, dass Newton religiös war. Man könnte meinen, dass jeder, der vor Darwin gelebt hat, religiös war. Wenn Sie heute einen großartigen Wissenschaftler ausmachen, der religiös ist, nehmen Sie ihn ins Kreuzverhör und fragen ihn, ob er wirklich an die Existenz einer übernatürlichen Intelligenz glaubt, die Ihre Gebete anhört, Ihre Gedanken liest und Ihnen Ihre Sünden vergibt. Oder ob er wie Einstein ist, der eine quasi-religiöse Sprache benutzte, um sein Gefühl von Ehrfurcht für die Wunder und Geheimnisse des Universums auszudrücken."[53]

Zum anderen liefert das evolutionäre Entwicklungsszenario des Menschen alternative Erklärungen für religiöse Verhaltensweisen und Bedürfnisse. Deren Vorstufen meinen einige Wissenschaftler schon bei höheren Säugetieren ausmachen zu können. Nicht nur, dass jede Form von Religion an sich als Produkt der „geistigen Höherentwicklung" des Menschen aufgefasst wird; auch das Empfinden der eigenen Sündhaftigkeit und die Suche nach Erlösung – beides gehört zur „conditio humana", den Bedingungen des Menschseins – werden in diesem Rahmen gedeutet.

9. Der Tod: Entwicklungsmotor oder „letzter Feind"?

In der Evolutionstheorie hat der Tod eine wichtige Funktion. Die begrenzte Lebensspanne einzelner Individuen schafft Platz für neue Generationen und einen Fortgang der evolutionären Entwicklung. Die Bibel erklärt den Tod als Folge der Sünde, als ein Gericht Gottes. Ganz gleich, was man für richtig hält, sterben muss man so oder so. Aber was kommt danach? Ist mit dem Tod alles aus? Den Erkenntnissen der Physik und Biologie zufolge gibt es keinen Grund dafür, irgendetwas anderes zu glauben.

Charles Darwin nannte sich „einen Agnostiker" (von *agnōstikismós* = nicht wissen, nicht erkennen). Er drückte damit aus, dass er sich in Fragen des Glaubens kein eigenes Urteil zutraute. Seine Frau Emma hatte ihn schon im ersten Jahr ihrer Ehe gewarnt: „Möge die Gewohnheit, in wissenschaftlichen Belangen nichts zu glauben, solange es nicht bewiesen ist, dich nicht in anderen Fragen beeinflussen, bei Dingen, die nicht in derselben Art und Weise bewiesen werden können und die über unser Verstehen hinausgehen."[54]

Genausowenig wie die Wissenschaft den nichtmateriellen Geist und die nichtmaterielle Seele des Menschen nachweisen kann, ist sie in der Lage, biblische Aussagen über die Wirksamkeit geistiger Mächte, die Auferstehung der Toten und die Existenz von Himmel und Hölle nachzuvollziehen. Ein auf die Möglichkeiten der Wissenschaft fixierter Glaube, ein übersteigertes Vertrauen auf die Leistungsfähigkeit der Wissenschaft, bestärken den Zweifel daran.

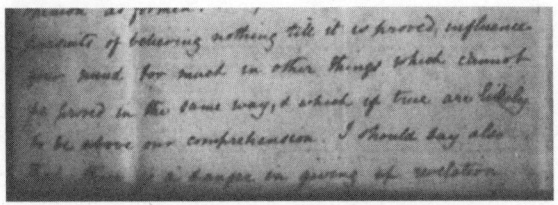

Der Glaube an Jesus Christus ist untrennbar mit dem Glauben an seine leibliche Auferstehung verbunden. Wenn Jesus Christus nicht aus den Toten auferstanden ist, ist das Christentum nichtig, und die Christen sind die „elendesten von allen Menschen" (vgl. 1. Korinther 15). Wenn er aber auferstanden ist, hat er damit den Beweis gegeben, dass er derjenige war, für den er sich ausgab, der Stellvertreter. Es bedeutet auch, dass sein Opfer von Gott angenommen worden ist und die Grundlage der Erlösung bildet. Die Bibel mahnt, dass es dem Menschen gesetzt ist, einmal zu sterben, „danach aber das Gericht" (Hebräer 9,27). Vor diesem Gericht ist Errettung möglich, und zwar durch den Glauben an Jesus und eine echte Umkehr: „Wenn wir unsere Sünden bekennen, so ist er treu und gerecht, dass er uns die Sünden vergibt und uns reinigt von aller Ungerechtigkeit" (1. Johannes 1,9). Am Ende überleben nicht die Starken, sondern die Zerbrochenen!

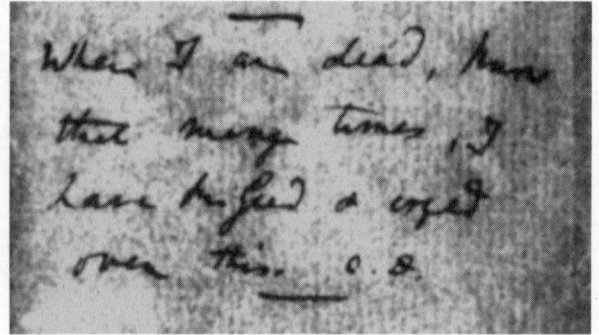

Anhang

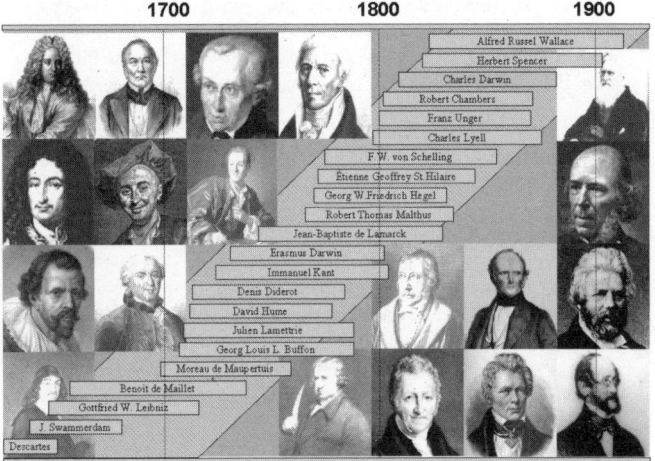

Wegbereiter der Evolutionstheorie	und ihre Thesen
René Descartes (1596–1650)	Cogito ergo sum – Die Vernunft ist die Quelle der Erkenntnis
Jan Swammerdam (1637–1680)	Alle Arten stammen von einem erschaffenen „Urtier" ab
Gottfried Wilhelm Leibniz (1646–1716)	Tiergruppen sind durch Übergangsformen verbunden
Benoit de Maillet (1656–1738)	Entwicklungslehre – Landtiere stammen von Wassertieren ab
P. L. Moreau de Maupertuis (1698–1759)	„Überleben der Fähigsten" = „survival of the fittest"
Georg Louis Leclerc Buffon (1707–1788)	Evolution durch Umwelteinflüsse
Julien Lamettrie (1709–1788)	Mensch und Tier sind sich im Wesentlichen gleich
David Hume (1711–1776)	Empirismus – nur was zu beobachten und zu messen ist, zählt
Denis Diderot (1713–1784)	Prinzip der natürlichen Auslese
Immanuel Kant (1724–1804)	höhere Organismen können aus einfachen entstehen
Erasmus Darwin (1731–1802)	Darwins Großvater – Evolution durch Umwelteinflüsse
Jean-Baptiste de Lamarck (1744–1829)	Lebewesen entwickeln sich höher, Evolution durch Anpassung
Robert Thomas Malthus (1766–1834)	regte Darwin und Wallace an
Georg W. Friedrich Hegel (1770–1831)	Wahrheit ist nicht absolut, sondern entwickelt sich evolutionär
Étienne Geoffroy St.-Hilaire (1772–1844)	Evolution durch direkte Umwelteinflüsse
F. W. von Schelling (1775–1854)	Entwicklungsvorstellungen
Charles Lyell (1797–1875)	Uniformitarismus in der Geologie
Franz Unger (1800–1870)	alle Pflanzen stammen von Meerespflanzen ab
Robert Chambers (1802–1871)	natürlicher Evolutionsprozess
Charles Darwin (1809–1882)	ausführliche Evolutionstheorie
Herbert Spencer (1820–1903)	verwendete zuerst den Begriff „Evolution"
Alfred Russel Wallace (1823–1913)	entwickelte seine Selektionstheorie zeitgleich mit Darwin

Anmerkungen und Quellenbelege

[1]   Francis Darwin, *The life and letters of Charles Darwin, including an autobiographical chapter*, London (John Murray), ed. 1887, Vol. 1, S. 45: „Accordingly I read with care 'Pearson on the Creeds,' and a few other books on divinity; and as I did not then in the least doubt the strict and literal truth of every word in the Bible, I soon persuaded myself that our Creed must be fully accepted."

[2]   Charles Darwin, *The Autobiography of Charles Darwin 1809–1882*, S. 76: „The voyage of the *Beagle* has been by far the most important event in my life and has determined my whole career."

[3]   Charles Darwin, a.a.O., *S. 85.* „During these two years (Oct. 1836–Jan. 1839) I was led to think much about religion. Whilst on board the *Beagle* I was quite orthodox, and I remember being heartily laughed at by several of the officers (though themselves orthodox) for quoting the Bible as an unanswerable authority on some point of morality. I suppose it was the novelty of the argument that amused them. But I had gradually come, by this time, to see that the Old Testament from its manifestly false history of the world, with the Tower of Babel, the rainbow as a sign, etc., etc., and from its attributing to God the feelings of a revengeful tyrant, was no more to be trusted than the sacred books of the Hindoos, or the beliefs of any barbarian. The question then continually rose before my mind and would not be banished, — is it credible that if God were now to make a revelation to the Hindoos, would he permit it to be connected with the belief in Vishnu, Siva, &c., as Christianity is connected with the Old Testament. This appeared to me utterly incredible."

[4]   Emma Darwin's memo about Darwin's religious doubts (c. 2.1839) CUL-DAR210.8.14: „May not the habit in scientific pursuits of believing nothing till it is proved, influence your mind too much in other things which cannot be proved in the same way, & which if true are likely to be above our comprehension."

[5]   Charles Darwin, a.a.O., S. 87: „Thus disbelief crept over me at a very slow rate, but was at last complete. The rate was so slow that I felt no distress, and have never since doubted even for a single second that my conclusion was correct. I can indeed hardly see how anyone ought to wish Christianity to be true; for if so the plain language of the text seems to show that the men

who do not believe, and this would include my Father, Brother and almost all my best friends, will be everlastingly punished. And this is a damnable doctrine."

[6]   Francis Darwin, a.a.O., S. 316; http://darwin-online.org.uk/content/frameset?viewtype=side&itemID=F1452.1&pageseq=3 34, "The Duke of Argyll ('Good Words,' Ap. 1885, p. 244) has recorded a few words on this subject, spoken by my father in the last year of his life. „… in the course of that conversation I said to Mr. Darwin, with reference to some of his own remarkable works on the 'Fertilisation of Orchids,' and upon 'The Earthworms,' and various other observations he made of the wonderful contrivances for certain purposes in nature—I said it was impossible to look at these without seeing that they were the effect and the expression of mind. I shall never forget Mr. Darwin's answer. He looked at me very hard and said, 'Well, that often comes over me with overwhelming force; but at other times," and he shook his head vaguely, adding, „it seems to go away."

[7]   Charles Darwin, *Letter 2543 to Lyell, 23. Nov. 1859*, http://www.darwinproject.ac.uk, „… for thinking of the many cases of men pursuing an illusion for years, often & often a cold shudder has run through me & I have asked myself whether I may not have devoted my life to a phantasy."

[8]   Francis Darwin, *Charles Darwin: his life told in an autobiographical chapter, and in a selected series of his published letters*, ed. 1892, S. 236: „With respect to the theological view of the question. This is always painful to me. I am bewildered. I had no intention to write atheistically. But I own that I cannot see as plainly as others do, and as I should wish to do, evidence of design and beneficence on all sides of us. There seems to me too much misery in the world. I cannot persuade myself that a beneficent and omnipotent God would have designedly created the Ichneumonidæ with the express intention of their feeding within the living bodies of caterpillars, or that a cat should play with mice."

[9]   Darwins Nachruf auf seine Tochter Annie, „Our poor child, Annie" [Darwins remeniscence of Anne Elizabeth Darwin], 30.04.1851 CUL-DAR210.13.40.

[10]   E. B. Aveling, *The religious views of Charles Darwin*, London (Freethought Publishing Company) 1883, S. 5: „He had imagined until then that we were deniers of God, and he found the order of thought that was ours differing in no essential from his own. For with point after point of our argument he agreed; statement on statement that was made he endorsed, saying finally: „I am

with you in thought, but I should prefer the word Agnostic to the word Atheist."

[11] Siehe dazu: „Starb Darwin als Christ?", http://www.wort-und-wissen.de/disk/d00/2/d00-2.pdf.

[12] www.adherents.com/adh_influ.html, Ranking von Michael H. Hart.

[13] Ulrich Kutschera, http://www.merkur.de/2009_02__Darwin_hat_die.31992.0.html?&no_cache=1 – „Darin sehe ich überhaupt seine größte Leistung: Darwin hat die Biologie aus dem Würgegriff der christlichen Theologie befreit."

[14] http:\\www.focus.de/wissen/wissenschaft/evolution/tid-12710/evolutionsexperte-wir-sind-nur-eine-von-millionen-tierarten_aid_352017.html, Interview mit Ulrich Kutschera.

[15] C. R. Darwin, *Notebook B: [Transmutation of Species (1837–1838)]*. P. 1, CUL-DAR121 (http://darwin-online.org.uk/content/frameset?itemID=CUL-DAR121.-&viewtype=side&pageseq=1).

[16] Charles Darwin, *Origin of Species*, 6th Edition, 1872, Kap. 6, S. 174: "If it could be demonstrated that any *complex organ* existed, which could not possibly have been formed by numerous, successive, slight modifications, my theory would absolutely break down."

[18] Charles Darwin, *Journal of Researches*, Bd. 3, 1890, S. 420: „Unfortunately most of the specimens of the finch tribe were mingled together; but I have strong reasons to suspect that some of the species of the sub-group Geospiza are confined to separate islands."

[19] H. Swarth, *Occasional Papers*, California Academy of Sciences, Bd. 18 (zit. in Joachim Scheven, *LEBEN. Deutsches Schöpfungsmagazin*, Vol. 12, 2000).

[20] David Lack, *NATURE*, Sept. 7, 1940.

[21] Peter Grant, *Scientific American*, „Natural Selection and Darwin's Finches", Oct. 1991, 60–65.

[22] SCIENCE 1991.

[23] Joseph u. M. Vagvolgyi, *Biogeographical aspects of insularity*, „Hybridization and evolution in Darwin's finches of the Galapagos islands".

[24] http:\\www.focus.de/wissen/wissenschaft/evolution/tid-12710/evolutionsexperte-wir-sind-nur-eine-von-millionen-tierarten_aid_352017.html, Interview mit Ulrich Kutschera.

[25] Die Formulierung „Survival of the fittest" stammt ursprünglich von dem Soziologen Herbert Spencer und wird von Darwin erst später übernommen. Er sah darin eine treffende Umschreibung des Selektionsprinzips.

[26] Charles Darwin: *Das Variieren der Thiere und Pflanzen im Zustande der Domestication* (übersetzt von Victor Carus), 2 Bände, Stuttgart 1868, Band II, S. 491ff.

[27] Homöotische Mutationen betreffen Gene, die eine übergeordnete Funktion haben (sogenannte Regulatorgene). Eine derartige Veränderung kann z. B. die Bildung eines zusätzlichen Organs bewirken. Allerdings enthalten sie nicht die Information zum Bau des Organs an sich. Sie wirken eher wie ein Schalter, der eine arteigene „Baugruppe" aktiviert. Das gleiche Gen, das bei der Maus die Neubildung eines Auges aktiviert, löst auch die Neubildung eines Auges bei der Fruchtfliege aus. Allerdings bildet diese dann kein „Mäuseauge", sondern ein fliegentypisches Facettenauge. Da es aber bei der Frage nach Makroevolution gerade um die Herkunft der Baupläne geht (und nicht darum, wie sie aktiviert werden), bleibt ihr Beitrag zur Lösung des Problems geringfügig.

[28] Lothar Jaenicke, *Richard B. Goldschmidt (1878-1958) und die Theorie der Vererbung* (biospektrum) Vol. 2, 2003.

[29] Evo-Devo ist eine Abkürzung für „evolutionäre Entwicklungsbiologie". Die Erkenntnisse aus der Embryonalentwicklung sollen der Schlüssel zum Verständnis evolutionärer Entwicklungswege sein.

[30] Charles Darwin, Brief an J. Hooker, 1863.

[31] Charles Darwin, *Origin of Species*, 2. Aufl., Kap. 14, S. 490: „There is grandeur in this view of life, with its several powers, having been originally breathed by the Creator into a few forms or into one".

[32] http:\\www.focus.de/wissen/wissenschaft/evolution/tid-12710/evolutionsexperte-wir-sind-nur-eine-von-millionen-tierarten_aid_352017.html, Interview mit Ulrich Kutschera.

[33] Richard Dawkins, *Der blinde Uhrmacher*, München (Deutscher Taschenbuch Verlag) 2008, S. 33.

[34] Theodosius Dobzhanski, *American Biology Teacher 35*, 1937, 125–129.

[35] http:\\www.focus.de/wissen/wissenschaft/evolution/tid-12710/evolutionsexperte-wir-sind-nur-eine-von-millionen-tierarten_aid_352017.html, Interview mit Ulrich Kutschera.

[36] Einen hervorragenden Überblick geben: Adrian Desmond, James Moore, *Darwin*, Reinbek (Rowohlt) 1994.

[37] Manfred Seitz, *Darwin und die verheerenden Folgen*, ideaSpektrum, 7/2009, S. 3.

[38] Franz M. Wuketits, *Darwin und der Darwinismus*, München (C. H. Beck) 2005, S. 93–96.

[39] Charles Darwin, *Origin of Species*, 6th Edition, chap. 3, p. 50: „I should premise that I use this term in a large and metaphorical sense including dependence of one being on another, and including (which is more important) not only the life of the individual, but success in leaving progeny. […] In these several senses, which pass into each other, I use for convenience' sake the general term of Struggle for Existence."

[40] Ebd. „It is the doctrine of Malthus applied with manifold force to the whole animal and vegetable kingdoms".

[41] Charles Darwin, *Notebook E: [Transmutation of species (1838-1839)] CUL-DAR124*, S. 63–64 „When two races of men meet, they act precisely like two species of animals. — they fight, eat each other, bring diseases to each other &c., but then comes the most deadly struggle, namely which have the best fitted organization, or instincts (i.e intellect in man) to gain the day."

[42] Francis Darwin, *The life and letters of Charles Darwin, including an autobiographical chapter*. 1887, vol. 1, p. 316: „Remember what risk the nations of Europe ran, not so many centuries ago of being overwhelmed by the Turks, and how ridiculous such an idea now is! The more civilized so-called Caucasian races have beaten the Turkish hollow in the struggle for existence. Looking to the world at no very distant date, what an endless number of the lower races will have been eliminated by the higher civilized races throughout the world."

[43] C. R. Darwin, *Die Abstammung des Menschen und die geschlechtliche Zuchtwahl*, 1875. Translated by J. V. Carus. 3d ed. Stuttgart: Schweizerbart. Bd. 1, Kap. 5, S. 173–174.

[44] ebd. S. 174.

[45] ebd. S. 175.

[46] C. R. Darwin, *The Beagle Diary*. Feb 25th. – March 1st, 1834, S.222–224: „I never saw more miserable creatures; stunted in their growth, their hideous faces bedaubed with white paint & quite naked.— One full aged woman absolutely so, the rain & spray were dripping from her body; their red skins filthy & greasy, their hair entangled, their voices discordant, their gesticulation violent & without any dignity. Viewing such men, one can hardly make

oneself believe that they are fellow creatures placed in the same world. I can scarcely imagine that there is any spectacle more interesting & worthy of reflection, tha[n] one of these unbroken savages. — It is a common subject of conjecture; what pleasure in life some of the less gifted animals can enjoy? How much more reasonably it may be asked with respect to these men. [...] How little can the higher powers of the mind come into play: what is there for imagination to paint, for reason to compare, for judgement to decide upon. — to knock a limpet from the rock does not even require cunning, that lowest power of the mind. Their skill, like the instinct of animals is not improved by experience; the canoe, their most ingenious work, poor as it may be, we know has remained the same for the last 300 years. Although essentially the same creature, how little must the mind of one of these beings resemble that of an educated man. What a scale of improvement is comprehended between the faculties of a Fuegian savage & a Sir Isaac Newton — Whence have these people come? Have they remained in the same state since the creation of the world? [...] There were three canoes full of Fuegians in this bay, who were very quiet & civil & more amusing than any Monkeys."

[47] http://www.focus.de/wissen/wissenschaft/evolution/tid-12710/evolutionsexperte-wir-sind-nur-eine-von-millionen-tier-arten_aid_352017.html, Interview mit Ulrich Kutschera.

[48] Peter Singer, *Praktische Ethik,* Stuttgart (Reclam) 1993, 2. Auflage, S. 196.

[49] http://www.evolutionsbiologen.de/creatio.html; Rezension von *Creatio. Biblische Schöpfungslehre* durch T. Waschke, Anm. von U. Kutschera: „Unseres Erachtens steht diese Grundaussage im Widerspruch zu einer fairen, kompetenten und vorurteilsfreien Beurteilung der moralphilosophischen Fakten: Erstens ist eine humane Ethik nicht notwendigerweise an Religion gebunden – die sogenannten ‚christlichen' Werte und Verhaltenscodizes lassen sich durchaus auch auf materialistischer Grundlage begründen (s. Bunge und Mahner 2004). Zweitens haben die angeborenen, überkulturell gültigen Verhaltensweisen ihren Ursprung in den Prozessen der biologischen Evolution. Die Behauptung, Altruismus und die Fähigkeit zu lieben, seien evolutionstheoretisch nicht zu erklären, ist schlicht falsch. Drittens wurde seit Sokrates immer wieder philosophisch begründet, weshalb der Versuch einer theologischen Rechtfertigung von Ethik in einem Dilemma mündet: Sind Gottes Gebote lediglich deshalb gut, weil Gott sie gebietet? Wenn ja, wäre es dann moralisch gerechtfertigt, Kinder zu foltern oder zu ermorden, wenn Gott ein entsprechendes Ge-

bot aufstellte? Wer (abgesehen davon, dass dem Wortlaut nach Derartiges an verschiedenen Stellen der Bibel immer wieder geschah) behauptet, ein allgütiger Gott würde niemals derartig grausame Gebote erlassen, gibt damit zu, dass Gott selbst über moralische Maßstäbe verfügt, die nicht in seinem eigenen Ermessen liegen, sondern durch *weltimmanente* Prinzipien begründet werden können (Schmidt-Salomon 2005, S. 5–8)."

[50]   Als „Erhaltungssätze" werden in der Physik Aussagen über eine bestimmte Größe („Erhaltungsgröße") bezeichnet, die (im Lauf der Zeit) unveränderlich sind. Der Energieerhaltungssatz z.B. besagt, dass die Gesamtenergie in einem geschlossenen System (wie unserem Universum) konstant bleibt.

[51]   Georg Mohr, Marcus Willaschek (Hrsg.): *Immanuel Kant, Kritik der reinen Vernunft*, Berlin (Akademie Verlag) 1998, S. 413–447; Eine Antinomie ist ein logischer Widerspruch, der nicht aufgelöst werden kann. Das Zitat bezieht sich auf Kants „3. Antinomie": „Die Kausalität nach Gesetzen der Natur ist nicht die einzige, aus welcher die Erscheinungen der Welt insgesamt abgeleitet werden können. Es ist noch eine Kausalität durch Freiheit zur Erklärung derselben anzunehmen notwendig." – „Es ist keine Freiheit, sondern alles in der Welt geschieht lediglich nach Gesetzen der Natur."

[52]   Hans Mohr, *Natur und Moral*, Darmstadt (Wissenschaftliche Buchgesellschaft) 1995, S. 17.

[53]   Richard Dawkins: *Am Tod ist irgendetwas unlogisch*, Interview in www.cafebabel.com – Das Europamagazin, 06.03.09.

[54]   Emma Darwin's memo about Darwin's religious doubts (c. 2.1839) CUL-DAR210.8.14: „May not the habit in scientific pursuits of believing nothing till it is proved, influence your mind too much in other things which cannot be proved in the same way, & which if true are likely to be above our comprehension.".

Bildnachweis

10 Charles Darwin im Alter von sieben Jahren.
Ausschnitt aus einer Pastellzeichnung von Rolinda Sharples von 1816.

12 HMS Beagle.
Diese Zeichnung der britischen Marine von 1834 zeigt das Schiff, mit dem Darwin um die Welt segelte.

13 Karte von Kap Hoorn und Feuerland.
Diese Karte der Südspitze Südamerikas ist ein Ergebnis der Beagle-Vermessungsexpedition. Sie wurde 1830 – 1834 von Commander FitzRoy und seinen Offizieren angefertigt.

14 Charles und Emma Darwin.
Zwei Aquarelle von George Richmond, der die beiden 1840, kurz nach ihrer Hochzeit, portraitierte, wurden in dieser Kollage verbunden.

16 Down House.
So sieht das Haus, in das Familie Darwin 1842 einzog, heute aus.

19 Der alte Darwin.
Dieses Bild zeigt Charles Darwin im Jahr 1880, zwei Jahre vor seinem Tod.

20 Grabstein von Anne Elizabeth (Annie) Darwin.

21 Begräbnis von Charles Darwin in der Westminster Abbey.
Diese Zeichnung wurde am 6. Mai 1882 in der Zeitschrift The Graphic veröffentlicht.

22 Britische 10-Pfund-Note mit dem Portrait von Charles Darwin.

23 Zeitleiste zum Leben von Charles Darwin.

24 Vielfalt der Forschungsfelder.
Charles Darwin war ein ungewöhnlich vielseitiger Naturwissenschaftler. In dieser Kollage sind verschiedene Abbildungen aus seinen Büchern und Zeitschriftartikeln zu einem Querschnitt durch seine Untersuchungsobjekte zusammengestellt.

27 Zoonomia-Vermerk.
Darwin überschrieb sein Notebook B, in dem er seine Gedanken über die Veränderung der Arten festhielt, mit „Zoonomia", dem Titel eines Buchs seines Großvaters zu diesem Thema. (Siehe Fußnote 15).

29 Stammbaum-Skizze.

Mit dieser Skizze illustrierte Darwin 1837 in seinem Transmutation Notebook B die Idee einer gemeinsamen Abstammung der Arten.

31 Ein Fisch, der sicher gerne fliegen könnte.
Copyright by Marc Walter.

33 Galapagos-Finken.
Für sein Buch The Zoology of the Voyage of HMS Beagle ließ Darwin diese Finken der Art Geospiza magnirostris von dem Tiermaler John Gould zeichnen.

38 Der Stammbaum des Menschen nach Ernst Haeckel.
Diese Lithographie erschien 1874 in dem Buch Anthropogenie oder Entwickelungsgeschichte des Menschen. Gemeinverständliche wissenschaftliche Vorträge über die Grundzüge der menschlichen Keimes- und Stammes-Geschichte.

39 Homologie der Vordergliedmaßen verschiedener Tiere.
Für Darwin waren anatomische Übereinstimmungen ein starkes Argument für eine gemeinsame Abstammung.

41 Darwin Fisch.
Dieses Symbol ist als Gegenspieler des verbreiteten „Jesus-Fisch" gedacht. Die Füße sollen andeuten, dass das darwinistische Weltbild eine „Höherentwicklung" gegenüber den Dogmen des Christentums darstellt.

59 Das menschliche Gehirn.
Mit freundlicher Erlaubnis des Centre Hospitalier Universitaire Vaudois (CHUV), Lausanne.

63 Emmas Warnung an Charles.
In einem Brief warnt Emma ihren Mann, sich nicht durch rationale Zweifel im Unglauben bestärken zu lassen: „May not the habit in scientific pursuits of believing nothing till it is proved, influence your mind too much in other things which cannot be proved in the same way, & which if true are likely to be above our comprehension." (Siehe Fußnote 4).

64 Charles bedauert Emma gegenüber seinen Unglauben.
Unter den Brief von Emma (Abb. Auf S. 63) setzt Charles seinen Kommentar: „When I am dead, know that many times I have kissed and cried over this. C.D."

65 Darwins Theorie und ihre Vordenker.

Alle Abbildungen sind, soweit nicht anders vermerkt, gemeinfrei oder Eigentum des Autors.

Literaturnachweis

Desmond, Adrian, James Moore: Darwin, Reinbek: Rowohlt, 1994.

Junker, Reinhard, Henrik Ullrich: Darwins Rätsel. Schöpfung ohne Schöpfer?, Holzgerlingen: SCM Hänssler, 2009.

Stuhlhofer, Franz: Charles Darwin. Weltreise zum Agnostizismus, Berneck: Schwengeler, 1988.

Literaturempfehlung

Die wissenschaftliche Kritik an der Evolutionstheorie wurde im vorliegenden Buch nur kurz angerissen. Eine hervorragende Analyse bietet:

Junker, Reinhard, Siegfried Scherer: *Evolution – ein kritisches Lehrbuch*, Gießen: Weyel, 2006.

Die Alternative zur Theorie einer allgemeinen Evolution, der biblische Schöpfungsbericht, wird vom gleichen Autor in folgendem Buch vorgestellt:

Stein, Alexander vom: *CREATIO. Biblische Schöpfungslehre*, Lychen: Daniel, 2005.

Internetempfehlung

Wer Interesse an einer intensiveren Auseinandersetzung mit Charles Darwin hat, kommt an folgender Adresse nicht vorbei: www.darwin-online.org.uk.

Es ist die bei weitem umfangreichste Zusammenstellung seiner schriftlichen Hinterlassenschaften.

Einige wenige Dinge, die hier nicht aufgenommen sind (hauptsächlich Briefe), wird man wahrscheinlich auf der Seite www.darwinproject.ac.uk finden.

Wer sich über das Thema Schöpfung/Evolution ausführlich informieren möchte, findet auf der Seite www.genesisnet.info sehr ausführliche Informationen und weiterführende Links.

Weitere Artikel, Literatur, Kontakte und Veranstaltungshinweise finden sich auf der Homepage der Studiengemeinschaft Wort und Wissen www.wort-und-wissen.de.

Kontakt zum Autor

Der Autor freut sich über Fragen und Anregungen und ist offen für Kritik.

Alexander vom Stein
Brücke 12
42499 Hückeswagen

creatio-autor@gmx.net

Buchempfehlung

Best.-Nr.: 304.540
Alexander vom Stein

CREATIO
Biblische Schöpfungslehre

228 S., gebunden,
inkl. DVD
€ 19,95

CREATIO ist das erste deutschsprachige Lehrbuch, in dem das biblische Schöpfungsmodell ausführlich vorstellt wird.

CREATIO eignet sich für Jugendliche ab 14 Jahren. Ausgehend vom heutigen Stand der Wissenschaft werden selbst komplizierte Sachverhalte leicht verständlich erklärt. Die beigefügte DVD hält neben dem Buch im PDF-Format weitergehende und vertiefende Dokumentationen bereit.

CREATIO macht deutlich, dass die Frage nach dem Woher und dem Wohin nicht allein durch Beobachtungen und Schlussfolgerungen, sondern letztlich durch Glauben beantwortet werden muss. In diesem Buch wird deutlich, dass sehr viele heute vorzufindende Sachverhalte mit dem Schöpfungsmodell erklärt werden können.

CREATIO schafft somit ein wertvolles Werkzeug, um an Schulen und Gemeinden systematische Schöpfungslehre zu vermitteln.

„CREATIO besticht durch eine klare und verständliche Sprache, ohne oberflächlich zu werden. Die Erläuterungen zur biblischen Urgeschichte sind sehr gelungen und treffend formuliert. Die naturwissenschaftlichen Abschnitte ermöglichen einen leichten Einstieg in die komplexen Themen und sind up to date."
Dr. Reinhard Junker, SG Wort und Wissen

Buchempfehlungen

Best.-Nr.: 304.509
Jochen Klein

Christentum und Gesellschaft
Wovon wird unser Denken beeinflusst

70 S., Tb.
€ 1,90

Best.-Nr.: 304.523
Benedikt Peters

Weltreligionen
Judentum - Christentum- Hinduismus
- Islam

180 S., Tb.
€ 3,90

weitere Informationen unter
www.daniel-verlag.de